LOCUS

<table>
<tr><td>catch</td></tr>
</table>

catch your eyes；catch your heart；catch your mind……

La
Route
de
Pâtissière
Linda

甜點之路

Linda 著

周禎和　攝影

目錄 sommaire

CHAPITRE 1

法式經典
Classique

CHAPITRE 2

地方傳統
Spécialité Régionale

CHAPITRE 3

創新甜點
Innovants

基礎應用
Techniques de Base

推薦序 Préface

When it comes to pastry Linda leads by example.
I had the privilege of teaching several Masterclasses at her school and I will always remember the memories I had from that experience.

As a person Linda is one of the most generous person I have met, it is not surprise that she applies the same philosophy when it comes to her pastry career.

She has devoted her life and sacrificed so much to become a pastry chef pioneer in Taiwan, Linda has been living the chef's life and sharing her passion with her school's students and clients on a daily basis in her pastry shop.

Giving, touching others life, expanding the circle of our knowledge, being authentic and always open to receiving as well as giving that's not just a children's fairytale it's a good description for Linda.
And that philosophy is captured in this book.
I cannot wait for you to discover it and being inspired in return so you can follow her footsteps in her crazy Pastry journey.

I'm honored to be Linda's friend and deeply touched to write the foreword to her book!

Amaury Guichon
Co-Founder of the Pastry Academy (Las Vegas)
Host & Consulting producer of "School of Chocolate" (Netflix)

說到甜點，第一個想到的就是 Linda。

我有幸在她的甜點班教授了幾堂大師培訓課程，我會永遠記得那次經驗中獲得的回憶。

作爲一個人，Linda 是我見過最慷慨的人之一，她會把同樣的理念運用在甜點職涯上一點也不意外。

爲了成爲走在最前線的台灣甜點師，她奉獻了自己的生活與付出了許多犧牲，Linda 一直過著廚師的生活，每一天都在她的甜點店裡與學生和客人分享她對甜點的熱情。

給予、感動他人、擴大我們的知識圈、眞誠，和她慷慨給予的概念一樣，她一直樂於接受別人的建議，這不只是個童話故事，而是對 Linda 一個很好的形容。

這個理念展現在這本書中，我很期待你們能發現並且得到啓發，這樣就能跟隨她的腳步，進入她瘋狂的甜點之旅。

很榮幸成爲 Linda 的朋友，爲她的書寫序，我深感觸動！

甜點學院 (拉斯維加斯) 共同創辦人
Netflix 眞人實境秀《巧克力大師班》主持人與製作顧問
Amaury Guichon

推薦序 Préface

Par le passé, j'ai beaucoup voyagé. J'ai eu la chance de rencontrer de nombreuses personnes qui ont marqué ma vie professionnelle...et Linda en fait partie.

Lorsqu'elle m'a demandé de préfacer son livre, c'était comme un aboutissement suite aux nombreuses formations et démonstrations réalisées au sein de son école.

J'ai rarement rencontré des personnes aussi passionnées, Linda a voulu raconter sa vision de la pâtisserie, au travers de son ouvrage... quel courage !

Bien plus qu'un livre de recettes de pâtisserie, c'est une ode au plaisir. Comment transformer de simples matières premières et par la simple magie du savoir-faire, tout se transforme en gourmandise

Je me souviens des premiers cours que j'ai eu l'honneur de dispenser dans sa merveilleuse école, toute son équipe autours du « Chef d'orchestre Linda » se préparait comme un concours pour la réussite des formations. Matière première d'exception, équipement à la pointe tout est toujours préparé dans le moindre détail pour satisfaire leurs clients. Nous n'avions plus qu'a nous laisser porter autours de son équipe.

Ce travail s'inscrit parfaitement dans la continuité de la transmission de notre savoir-faire en pâtisserie. De la tarte sablée aux fraises qui nous apporte de la fraicheur en été, avec son incontournable dessert signature « La passion 187 » ou encore la tarte sablée aux pommes et riz au lait qui vous apporte du réconfort en hivers...Je vous laisse voyager au fil des saisons avec ces merveilleux desserts !!

Je suis ravi du résultat et si fiers que son projet se concrétise par l'édition de ce beau livre. Merci Linda pour ta fidèle amitié. Un grand bravo pour ton imagination et ton travail ! et tous aux fourneaux !

過去經常旅行讓我有機會認識了職涯中許多重要的人，Linda 就是其中一位。

當她邀請我為她的書寫序時，這就像是她經歷開設數堂培訓課程與甜點示範之後所達到的成就。

我很少遇到像 Linda 對甜點這麼有熱誠的人，她想藉這本書來表達她的甜點視野，多麼勇氣可嘉！

這不只是一本甜點食譜書，而是一首快樂頌，將單純的食材，用知識與技術的簡單魔法將一切化為美味。

記得我有幸參與在她頂尖的教室裡所開設的第一堂培訓工作坊，整個團隊圍繞著「樂團指揮 Linda」，就像比賽一樣，為了培訓的成功做準備。高品質的食材、最頂級的設備，一切都是為了滿足客人而從最小的細節做起，我們只需要讓自己被團隊帶領著就可以了。

這本著作是甜點技術傳承的完美延續。從夏天為我們帶來新鮮感的草莓塔，到必備的招牌甜品「187 百香果」，再到冬日為你帶來心靈慰藉的焦糖蘋果米布丁塔……跟著季節和這些美妙的甜點一起旅行吧！

對於這個成果我感到非常高興，並且自豪她藉著這本精美的書出版而實現計畫。感謝 Linda 忠實的友誼，在此為妳的努力與夢想實現祝賀！進廚房吧！

米其林三星甜點＆麵包主廚
Atelier de Vincent 創辦人
Vincent Mary

跟著 Linda，享受做甜點的樂趣

Linda 是我見過最有熱忱也最為認真的甜點師之一。她總是竭盡全力去學習甜點的各式技巧，思考美學，且從未吝惜於分享。不論是 187 巷的甜點製作與教學，或憑一己之力邀請當代最具代表性的甜點師來台授課，她都秉持一個原則：把每件事做好。

我有幸從 Linda 構思這本書時，就聽她如何重視這本書的內容與形式。這展現了她紮實的學習與創作歷程，從經典出發，巡禮地方特色，最後前往創意與重譯。尤其第二部分談論地方性甜點，是台灣食譜書少見的。甜點並非是奢侈品，而是一種最自然的生活經驗，也是我們透過甜點認識法國各地文化的最好方式。

除了食譜配方之外，也簡介了甜點的故事。她並貼心的為各種面向的讀者準備，如果沒有專業廚房與器具，也可以依她在書中的建議，用家用烤箱與簡單器材，同樣享用甜點的美味與樂趣。

誠心推薦這本書給所有法式甜點愛好者，也祝福 Linda。

Claire L.

Bonheur Bonne Heure 甜點沙龍創辦人
Claire Lin

跟隨 Linda 的腳步，領略糕點的迷人風采

我與 Linda 認識十餘年，之間合作過許多不同的活動，皆留下了深刻的印象。
Linda 是我見過最積極且樂觀的人，但她總是謹本詳始、敬小慎微，希望把事情
做到盡善盡美。

近幾年臺灣的甜點飛快發展，Linda 絕對是其中功不可沒的重要推手之一。她不
只無私地分享在歐洲所學的知識與技術，並以無比的熱忱與執著打動許多國際知
名的大師願意來臺交流與教學，使臺灣的糕點業能夠與世界快速接軌。在她的廚
房裡，有著最先進的設備、最卓越的食材以及理念一致的團隊，她們兢兢業業地
為臺灣甜點界的進步貢獻心力。

這本書，匯集了豐富的經驗與技巧，用最傳統的糕點哲學思維、最現代的手法，
以深入淺出的方式，帶領著讀者追隨 Linda 的腳步來領略糕點的迷人風采。

我深感榮幸認識了 Linda，能為此書寫序亦讓我感到與有榮焉。

Salon de Marie Antoinette 創辦人
吳庭槐

在家做法式甜點不是夢……

很多人會認為法式甜點很難在家裡做，其實從法式甜點發展的歷史來看，甜點本來就是從家裡廚房開始發展起來的，就算是在古老的皇宮廚房裡發揚光大，但也是從廚房的「fours」爐火邊開始製作的。

我所認識的謝美玲 Linda 曾經負笈法國巴黎，在 L'École Ritz Escoffier 麗池埃科菲廚藝學院接受經典嚴格的甜點製作訓練，其製作法式甜點的造詣跟品嘗法式甜點的經驗自然豐富不在話下，畢竟所有的法國甜點師傅都要到巴黎發光發熱。

她的新書內容很精彩，從法式經典如歌劇院蛋糕（opéra）、千層派（millefeuille）、翻轉蘋果塔（tarte tatin）等，還有法國地方傳統特色的甜點如波爾多的可麗露（canelé）或是洛林地區的蘭姆巴巴（baba au rhum）。加上十幾個她的獨門創意甜點，整本書 70 多道甜點，讓你讀在眼裡、甜進心裡。

她回台後所設立的 187 巷甜點工作室，也為台灣的法式甜點開創了新格局。多次邀請米其林星級甜點大師如 Vincent Mary、Yann Couvreur 等人來台傳授法式甜點心法，還請到以 Trempe l'oeil 錯覺美學手法爆紅的甜點男神 Cédric Grolet 來台傳授手法精髓。她的確算是走在台灣法式甜點界的先驅，所以，這本結合她的甜點技術心血的甜點全紀錄，能不快快手刀收藏嗎？

法國食尚作家
里維

找到品嘗甜點心動的那一刻

Linda 是一位奇女子！我認識她是在 2013 年成立的「187 巷的法式」，1 樓是甜點店，2 樓是烹飪烘焙教室，在這空間中她展現了身為台灣人為了台灣當代甜點的未來而奮力一搏的毅力和決心，邀請了曾經獲得亞洲五十大最佳甜點師的法籍甜點主廚 Cédric Grolet，以及在 IG 粉絲數高達 902 萬的甜點大師 Amaury Guichon 來台開設講習課，為台灣甜點界寫下傳奇的一頁。

但在更早之前，Linda 是為甜點癡迷的甜點控。為了學習甜點，辭去穩定的工作，到法國名校正式學習甜點，並穿梭於甜點名店中培養品味素養，回台後開設專業烹飪教室和甜點店，就是想在台灣也能讓甜點工作者和甜點控學習並品嘗到等同於法國在地的優秀師資和甜點品味。

工作忙碌之餘，她對自己嚴苛，且常因謙虛忘了讚美自己「其實，做甜點我也很優秀」，但在一樓的甜點店中我常嘗到她對甜點的那份真心，並深自感動。因此當我在這本食譜中看到 LIKA、187 翻轉蘋果柚子塔、藍莓巴斯克、187 百香果以及 2019 蒙布朗等甜點品項時，再度帶我回到當下心動的那一刻。

「187 巷的法式」店鋪雖收拾起暫歇，但現在卻在一張張的書頁中緩緩的啟航，詳實的食譜和記錄絕對能帶領甜點工作者如實復刻，而甜點控也能在此找到初次品嘗到傳統法式甜點的感動。一起來品味法式甜點吧！

美食記者
黃翎翔

體驗法式甜點的美麗心境界

翻開這本書像進入時光隧道般，開啓了很多甜美的 187 巷記憶。記憶裡是我如何與 Linda 相遇，如何受邀到 187 巷授課，我與 Linda 有很多理念是互相契合的，在 187 巷授課 2 年多的時間，很榮幸的書中許多法式經典甜點我都品嘗過，有很多滋味如今仍然念念不忘。一路上看著 Linda 的努力與堅持，對於法式甜點的熱愛，連結台法國際甜點的交流，爲台灣甜點界點燃一把星星之火是我敬佩的；我們堅信任何技藝的養成始於穩固的基礎，知其然更要知其所以然，學習要求其甚解，Linda 透過多年所學、教課與實務開店運用等豐富的閱歷與經驗，將她熱愛的法式甜點世界傳遞給更多想要學習這門技藝的人，把法式甜點的經典故事、製作方法與細節都收入書中，我要謝謝 Linda 不藏私的分享她所學與創作，這本書將領你進入法式甜點的門，體驗法式甜點的美麗心境界。

巧克力工藝師

黎玉璽

感受甜點帶給你的第一次悸動

這本書的內容裡有太多的第一次要和大家分享，其實寫書也是我的第一次。我喜歡教學，是因為學生可以看到當下每個人所發生的不同問題，依現場狀況解說、示範和調整，最後達到一致的目的，這是我一直想要呈現給每位學生的觀念。

大家對我最有印象的事，應該是曾經邀請過幾位國際級甜點大師，那也是我心裡一直想做的事。記得在巴黎上課時，班上常常只有我一位或兩位台灣學生；當時國外也流行邀請海外各領域的大師客座教學，為何台灣沒有呢！如果可以讓更多人看到法國甜點主廚最新的手法、學到更多資訊和技術，那不是很棒嘛！

於是我寫了訊息和 Chef 們連繫，所有的事對我來說都是新的，沒有參考依據，硬著頭皮根據在法國上課時的狀況模擬，我甚至還飛到 Chef 上課的地方觀摩、和 Chef 討論細節，就為了想讓更多台灣甜點師也可以看到不同的境界。

之前一直無法突破如何在一本書裡，能發揮到讓讀者清楚地了解每個細節，所以遲遲未果。直到店收了，在家裡做甜點時，想把我知道的所有關於甜點、關於 187 的所有留給喜愛 187 甜點的人，所以決定趁手還能用時，留下記錄。

寫書時，是同樣的心情與想法，想把我最喜歡的呈現給大家。做甜點真的很開心、很好玩，這是讓我心情變好的動力。記得第一次碰到瓶頸想放棄時，受到老師的鼓勵，鼓起勇氣繼續走，到最後前往法國學習真正的法式甜點，也有過低潮的時刻，但還是甜點讓我最開心。

早期在台灣要找有關法式甜點字典真的很難。當年我只懂英文，為了趕上課程進度，硬著頭皮要了法文講義，每天晚上逐個字查，不懂隔天又問助教。因此我將配方以中文法文雙語的模式構想，希望能幫助學甜點的人更快認識法文的意思，將來有機會到法國去，就不用那麼辛苦。

這本書完全、清楚地呈現我 Linda 最愛的甜點世界，裡面收錄了很多故事以及太多第一次接觸到所感動而很喜歡、很喜歡的甜點；也有第一次在家裡製作時，好像「這樣做出來」也可以的甜點；還有很多是在巴黎第一次吃到的配方和感覺。希望大家能跟著動手做做看，感受甜點帶給你的第一次悸動。法式甜點不僅好看、好吃又不難，相信甜點也能療癒你的心，一起加油！

Linda

開始製作
甜點之前

Avant
de
commencer ...

食材
Ingrédients

麵粉 Farine

本書中大多是以法國麵粉為主，而法國麵粉與台灣常時使用的麵粉有所不同：
麵粉是經由小麥碾碎後過篩後而來的，內含有蛋白質和澱粉。日本和台灣是以蛋白質的含量來區分為低筋麵粉、中筋麵粉和高筋麵粉。

法國的麵粉不是以蛋白質含量來區分，是以麵粉的「灰分」（礦物質）含量來區分，數字越大表示精緻程度越低，顆粒越粗，如 T55 的灰分含量在 0.5-0.6% 之間，筋度在中筋麵粉與高筋麵粉之間；而 T45 的灰分含量在 0.5% 以下，筋度介於低筋與中筋之間。

台灣及日本的麵粉種類	蛋白質含量
高筋麵粉	11.5-12.5%
中筋麵粉	8.0-9.0%
低筋麵粉	6.5-8%

法國麵粉種類	蛋白質含量	灰分（礦物質）
T45	8.5%	0.5%
T55	9.5-12%	0.5-0.6%
T55	12.5-13.5%	0.62-0.75%

裸麥麵粉 Farine de seigle

裸麥與小麥不同的是它含有小麥沒有的半纖維素，在烘烤麵包時的特性也不同，裸麥中的筋性無法構成一定的體積形狀的架構。而且裸麥烘烤後顏色比小麥粉的色澤來得深，烤焙後的氣孔較緊密、紮實，而且味道偏酸。

蛋 Oeufs

蛋要挑選新鮮，且外殼光滑厚實，上尖下鈍；開殼之後，蛋黃立體渾圓有彈性，濃厚蛋白和稀蛋白，品質很好的雞蛋，甚至用手指將蛋黃捏起也不會馬上破。

細砂糖 Sucre semoule

糖是做甜點缺一不可的食材，一般市面上賣的細砂糖與特砂的差異在於糖的結晶顆粒上的不同，但都是蔗糖。糖給予甜點的特性是在於烘焙時有穩定蛋白霜質地、不易消泡、蛋糕的保濕性及質地柔軟、增加色澤的特性，因為糖焦化反應後讓蛋糕有金黃色的烤色，也能增加硬、脆度。

鸚鵡糖 La Perruche

於法國著名製糖重鎮南特（Nantes）精製精煉成糖，主要是用西印度群島馬丁尼克與瓜地洛普島所生產的上選甘蔗為原料，和台灣的二砂糖很相似，但卻帶有特別的蔗香及豐厚飽滿的風味，甜度細膩而且溫潤。

糖粉 Sucre glace

糖粉爲純白的糖粉末，顆粒非常細緻，因台灣天氣潮濕，大都會添加 3 ～ 10% 左右的玉米澱粉防止結塊，然而糖粉和細砂白糖並無區別，只是物理上形狀不同，如無糖粉時，也可以細砂白糖代替，另外提醒，如製作馬卡龍時所需糖粉就必須以純糖粉，不能使用有添加玉米澱粉的糖粉，原因是玉米澱粉會使馬卡龍在烘烤時產生膨脹而龜裂，這是要注意的地方。

杏仁粉 Poudre d'amande

是由杏仁粒去皮研磨成粉，含有豐富的不飽和酸脂肪，維生素和鈣。在製作法國甜點也是不可或缺的食材，它可增加香氣和濕潤口感。杏仁粉屬於堅果類，因需研磨成粉，有時研磨過度會讓杏仁粉過油過濕，製作時會產生不好的味道，拿來製作馬卡龍也容易失敗，挑選時以看起來乾燥粒粒分明，不會油油濕濕的，購入後放入冰箱冷藏保存。

榛果粉 Poudre de noix

也是製作法式甜點常用的食材之一，油脂，蛋白質含量較高，以增加香氣及油脂爲主，挑選時也是注意粉體不要油油濕濕的，以乾燥的爲主，同樣以冷藏保存，也可以和杏仁粉交替使用。

堅果粒、果乾類 Noisettes et fruits séchés

杏仁粒，杏仁片，杏仁碎粒，核桃，杏桃乾，葡萄乾，蔓越莓乾給予甜點增加香氣及口感。

依思妮奶油 Beurre d'Isigny

法國產區限定 AOP 認證諾曼地地區乳源，它有個獨特乳酸發酵香氣，口感上入口卽化淸爽不油膩。奶油給於甜點特色，增加香氣，使其好吃柔軟；還可以被打發，因奶油本身含有水分因打發時含入空氣，在烘烤時也會被蒸發膨脹。

鮮奶油 Crème liquide

動物性鮮奶油是以牛奶中萃取出來的乳脂，較天然，香氣足，但較不易打發及塑形，目前台灣大都使用乳脂肪含量35%的鮮奶油；另外還有植物性鮮奶油，是將植物油經過氫化製作而成的，奶油的香氣來自添加的人工香料，保存期限比較長，也容易打發及塑形，所以大都作爲蛋糕抹面使用。

巧克力 Chocolat

因可可脂含量不同分別爲：
• 苦甜巧克力：可可脂含量高於 55% 或乳質含量少於 12%，除了可可脂含量外還有少量糖份。
• 牛奶巧克力：可可脂含量 30% ～ 45% 及添加乳脂奶粉及糖份。

• 白巧克力：所含成分與牛奶巧克力相同、糖、可可脂、奶粉和少許香料，不含可可粉，所以呈現白色，較沒有可可香氣，且乳製品及糖含量較高，大多以製作鏡面爲主。
另外巧克力怕熱，必須放陰涼處，最好的溫度爲 16 ～ 22 度，及濕度必須在 5% 以下，所以眞正要保存巧克力可以放冷藏，但記得用不透光的密封袋封擠掉多餘空氣再放入，避免巧克力與其空氣接觸受潮。

香草莢 Gousse de vanille

在甜點中最貴的調味料，可以使甜點增加香氣提昇質感，抑制蛋味，與砂糖放一起成為香草糖增加風味，浸泡在蘭姆酒中可製成香草醬，目前台灣最常見為馬達加斯加產地及大溪地產地，兩個產地的香氣不同。

水果 Fruits

蘋果、西洋梨、草莓、肚臍橙、芒果、百香果、檸檬。台灣的水果一直是大家稱讚的，我們也可以依季節水果去製作甜點，當然有時因食材我們也會選擇一些進口水果，挑選水果以新鮮度及當季水果最佳。

果泥 Purée de fruits

台灣果泥品牌眾多，可選擇自己喜歡的，常有學生問是否可以自製果泥，基本上可以，但每批水果含糖度不同，所每次製作所需加入的糖不同，所以我們都會回應說還是交給專業人事，因為大廠牌製作有一定的 SOP 制度，品質一致，讓製作甜點時也較一致性。

酒類 Alcool

書中用到的有蘋果酒、咖啡甜酒、威士忌、蘭姆酒、法國粉紅玫瑰酒、甘邑橙酒。酒類可以增加香氣及讓你的味蕾降低甜度，我們會因不同產品去添加不同的酒。怎麼加呢？只要記得如果甜點是清爽型，就加清新口感的酒類；重口味甜點就必須添加口感圓潤的酒類，而不是有什麼酒就加什麼酒，這點必須注意。

玫瑰花辨 Pétales de rose

用在甜點裡的花，不管是裝飾或是製作果醬，記得必須買有機的食用花，不是花店買的喔！此書有機玫瑰花辨是使用屏東大花農場的有機玫瑰花。

吉力丁片 Gélatine

吉力丁片和吉力丁塊在使用上是不相同的量喔！但吉力丁片與吉力丁粉使用量是相同的，只是吉力丁片以動物骨頭提煉出來的膠質；吉力丁粉以魚骨頭提煉出來的；而吉力丁塊是與水調合冷藏結塊而成。

器材、工具與模具
Equipments, outils et moules

烤箱 Four

烤箱是烘焙最主要的主角，一台好的烤箱很重要，因新手成本考量及其他因素，無法選擇一台最完美的烤箱，但還是要好好的選購一台符合自己需求的烤箱，至於烤溫及烤的時間，除了食譜中的建議，也要靠自己花時間熟悉、觀察再調整。

桌上型攪拌機 Robot pâtissier

製作甜點的好幫手，可以打發、拌勻食材、揉製麵糰，省時又省力。

電子微量秤 Numérique balance à cuisine

用於食材秤重，讓食材比例精準，有些精密的微量秤可以秤至 0.1g，看需求挑選。

鋼盆 Bassine en inox

初學者可以先購買 28cm、24cm、20cm 三個不同直徑大小的鋼盆，這是沒有攪拌機時能取代攪拌機最佳的器具，也是初學者最重要的器具，幾乎製作所有甜點都會用到，選擇不銹鋼材質為佳。

均質機 Mixeur plongeant

使較難相融的成份穩定均質乳化，均質機是根據轉子與定子原理，高速運轉的狀態下，食材會因離心力被吸入均質刀內部，在高壓細密的空間裡被剪切、擠壓、破碎、混合，進而降低固體顆粒和氣泡，形成穩定細膩且均勻的質地。

烘焙紙 Papier cuisson

墊於食材與烤盤之間的油性紙張，可以防止沾黏與烤焦。

量杯 Verre à mesure

用來秤量與盛裝液體或是其他食材。

擀麵棍 Rouleau

製作塔皮麵糰，可將塔皮較容易均勻擀薄，以及用來敲打加速軟化冷藏過的麵糰。

過濾網篩 Chinois

用來過濾液體與雜質。

粉類網篩 Tamiseur

用於粉類過篩，去除雜質、結塊並含入空氣。

打蛋器 Fouet

製作甜點需打發及含入空氣時的器具，例如打發蛋白，打發鮮奶油等材料。

耐熱橡皮刮刀 Spatula en plastique

甜點製作時不可缺少的器具之一，用來拌合食材及烹煮時攪拌的器具，例如蛋糕麵糊拌合時為避免過度出筋、拌入過多空氣，會以橡皮刮刀來拌合，選購時須注意是否耐熱。

刮板 Corne

抹平蛋糕麵糊及分割塔皮及麵糰的器具，也會用來推擠花袋的麵糊或是內餡。

抹刀 Palette

有分不同尺寸，用途不一樣。通常大的用在大面積塗抹範圍的甜點，像蛋糕外層鮮奶油裝飾或抹平整模的蛋糕麵糊、內餡及巧克力使用。

烤盤 Plaque

麵糰、麵糊、塔派皮放進烤箱烘烤時所需的工具，好的烤盤熱傳導的功能較好，能平均受熱。

刀子 & 砧板 Couteau et tranchoir

用來切食材、切碎、切塊、切丁、切片、刻花紋用；若使用較輕的砧板，使用時於下方墊一條濕抹布可防滑。

鍋子與銅鍋 Bain-marie & casseroles en cuivre

用來烹調食材，例如卡士達，英式奶油醬等等液體類食材；銅鍋的導熱性、保溫能力好，適合煮果醬時使用。

矽膠墊 Silpat

與烘焙紙用法相同，環保而且清洗後可以重覆使用；有些具有玻璃纖維成份的矽膠墊還可以進烤箱，且耐熱耐凍。

溫度計 Thermomètre

用於煮果醬、麵包發酵、煮糖或其他食材時測量溫度用，一般常用的有探針式電子溫度計或紅外線溫度計。

網架 Grille

烘烤成品出爐時所置放的工具，讓蛋糕體或成品可以盡快冷卻。

毛刷 Pinceau

毛刷用途很廣，蛋糕裝飾時可以用來刷酒糖液、烘烤時可以刷蛋液來增加顏色，還有用奶油來刷模具或模型。

擠花袋 Poche à douille

一種錐形或三角形的袋子，由前端一個狹窄的開口擠出內容物，通常會搭配擠花嘴，有多種用途，特別是用於甜點蛋糕的裝飾或是裝入麵糊擠入模型，如果製備的食材量較少，也可以用三明治袋代替。

單面擠花嘴 Douille à bûche

會用於擠緞面裝飾，這裡我們用來擠閃電泡芙的殼及創新蒙布朗的裝飾表面。

蒙布朗用擠花嘴 Douille à mont-blanc

花嘴有數個細小洞，是傳統蒙布朗用來擠在表面的裝飾。

聖諾黑用花嘴 Douille à saint-honoré

V 型開口，適合於裝飾任何甜點蛋糕上。

圓口花嘴 Douille unie

適用於任何甜點裝飾，但口徑有分大小。

圓型塔圈 Cercle à tarte

用來製作塔皮塔殼，但有時候會使用在製作甜點慕斯內凍。

圓型慕斯圈 Cercle à entremets

通常是製作慕斯用。

方型塔圈 Cadre

製作方型塔皮塔殼用。

芭芭模型 Dariole

製作蘭姆芭芭所使用的模型。

長條磅蛋糕模（水果蛋糕模）Moule à cake

製作磅蛋糕使用模型，但這次書中也是用它來製作布里歐修麵包。

可麗露模 Moule à cannelé

製作可麗露所用模型，與菊花模同樣具有溝槽，傳統模型是厚實的銅製模。

瑪德蓮、費南雪模型
Moule à madeleine et à financier

瑪德蓮爲扇貝形狀的模型；費南雪模型則是長扁條金磚形，以鐵製模型爲佳。

咕咕霍夫模 Moule à Kouglof

法國東北部或德國的地方傳統模型，以阿爾薩斯所製的陶瓷模型最有名氣，中央處有空洞，側面有斜向彎曲形狀的溝槽。

芙蘭模 Moule à manqué

海綿蛋糕模型的一種，也是這次是製作翻轉蘋果的模型。

矽膠模 Flexipan

耐熱、耐凍，目前大都是以製作慕斯所使用，在慕斯冰凍後較容易脫模。

圓型、花型切模
Emporte-pièce uni et découpoir

精準切出花型塔皮大小，或是用來壓制餅乾造型。

單位換算與前置作業
Unité de Mesure et Préparation

單位換算

1 kg（公斤）=1000 g（克）

1 大匙（tablespoon）=15g

1 小匙 =1 茶匙（teaspoon）= 5g

1/2 小匙 =2.5g

1L（公升）=1000ml（毫升）=1000cc（立方公分）

1 個全蛋（不含殼）約為 50g

1 個蛋黃約為 20g

1 個蛋白約為 30g

∅ 代表「直徑」的符號

模糊用詞

少許：約 1/8 小匙

1 小撮：姆指與食指捻起的量（約 0.5g）

適量：依個人喜好，自由添加的量

糖水表 （糖的甜度以波美為單位）

100g 水 +100g 細砂糖 = 25 度波美

100g 水 +125g 細砂糖 = 30 度波美

烤箱使用

烤箱是製作甜點最重要的，少了它什麼都不用說了，常有學生問如何選用烤箱及溫度該如何注意？我會說不管買哪一種烤箱，你的眼睛最重要，因為新買來的烤箱尚未熟悉，可以從基本烤溫來設定。

如果是旋風烤箱，可以用單一溫度設定，有些烤箱烤溫非常均勻，烤的過程不需將烤盤前後對調，這樣是最好的。但如果碰到烤溫不均，需將烤盤對調的狀況時，可以在設定時間的 2 ／ 3 時對調，之後再看狀況對調，以確保成品受熱、顏色均勻。

新手製作甜點時必須在使用烤箱前的 30 分鐘將所需溫度設定完成，提前預熱到使用溫度，這是最重要的，不然等蛋糕體或麵包製作完成時才將啟動烤箱溫度，這時就來不及了，等待的時間很容易讓蛋糕麵糊消泡，烤時無法膨脹，造成口感不佳，或是麵包過度發酵而產生酸度，因此在製作時要記得在烘烤前 30 分鐘預熱烤箱。

在一些食譜書上看到標示上下火的溫度設定，家裡的烤箱若無法設定上下火時，可以把上下火的溫度加起來後除以 2，就是大概設定的溫度。有時烤箱內溫度和設定的不一樣，可以往上或往下調整，因為多少會有誤差，但烤的時間不會差太久，大致可增減 10 ～ 15 分鐘，如果烤太久會讓產品水分蒸發過多，造成口感不佳，這也是必須要注意的。

吉利丁兌水

吉力丁片一片約 2.5g；吉力丁粉 1 小匙約 4g。書中有提到吉力丁塊比例 1:6 做法時，是以 1g 吉力丁粉加上 6g 的水攪拌均勻放入冰箱結成塊狀即爲吉力丁塊，此時的吉力丁塊重量爲 7g。

爲了方便，通常會先製作大量的吉力丁塊，等需要時再取用。例如我們以 20g 吉力丁粉加上 120g 的水（比例爲 1：6），所以製作完成吉力丁塊重量爲 140g，當某個配方需要吉力丁塊 18g 時，就可直接取 18g 使用。

若有大量使用吉力丁的需求，可先製作成大量的吉力丁塊備用。現在較爲方便，直接用吉力丁粉加入比例的水量攪拌均勻卽可放入冰箱，以往大都是以吉力丁片泡入比例的冰水量中泡軟後，再使用微波爐讓吉利丁片稍微融化，再冷藏結塊使用。

而吉力丁塊地使用水量多寡也會影響口感，水含量越少，口感越硬，反之水含量越多，口感越軟。

粉類過篩

現在製粉技術大爲提升了，其細緻度品質已經非常好了，製作塔皮麵糰時在最後步驟會在桌上做均質動作，所以其實不太需要事先過篩，但是因爲台灣氣候因素容易讓粉類結塊，還是可以先過篩。

而製作蛋糕體時，就必須過篩了，是因爲麵粉在加入蛋裡時，容易因爲有顆粒而結塊影響蛋糕體的口感，而且經由過篩能讓麵粉含入空氣，在烘烤時有氣體支撐蛋糕體往上膨脹，才能烤出孔洞細緻，口感綿密的蛋糕。

CHAPITRE
1

法式經典

Classique

巴黎布列斯特
Paris-Brest

「Paris」應該是大家都知道的地名，而布列斯特 (Brest) 可能對大家來說不是那麼清楚。其實它也是個地名，如果說是法國自行車公開賽，相信大家比較耳熟能詳；它是法國每四年舉辦一次的的自行車大賽，以巴黎爲起、終點，出發抵達位於西海岸的布列斯特再返回巴黎。而這款甜點誕生於 1910 年在巴黎西北部郊區的邁松拉菲特鎮 (Maisons Lafitte) 甜點店的甜點師 Louis Durand，爲了這個活動所發明；他以泡芙製成圓環形，撒上杏仁片經過烘烤後，再填入香濃榛果奶油餡，將象徵腳踏車輪胎的甜點命名爲「Paris-Brest」(巴黎布列斯特)。

以泡芙爲基底，撒上杏仁片烘烤，中間夾入有焦糖香氣的榛果杏仁慕斯林奶油餡，爲這款甜點主要的經典特色。現在也有不同口味的應用變化，比如添加抹茶、巧克力，或是使用加了一定比例打發鮮奶油的卡士達醬，再以水果擺飾，變化出各種不同風味。

工具

直徑 16cm 法式空心模、直徑 12cm 法式空心模、鋸齒花嘴、1cm 及 0.8cm 圓口花嘴、擠花袋、雪平鍋、橡皮刮刀、鋸齒刀、打蛋器、鋼盆 2 個、過濾網篩

材料　　份量 1 份

泡芙麵糊 Pâte à choux

水 eau	75 g
牛奶 lait	75 g
奶油 beurre	75 g
鹽 sel	1 g
細砂糖 sucre	1 g
T55 麵粉 farine	75 g
全蛋 oeuf entier	3 個
全蛋 oeuf entier （烤前裝飾用）	1 個
杏仁片 amandes effilées （烤前裝飾用）	80 g
防潮糖粉 sucre glace （最後裝飾）	30 g

榛果慕斯林醬 Crème mousseline au praliné

A　卡士達 Crème pâtissière （約 500g）

牛奶 lait	330 g
細砂糖 sucre	65 g
香草莢 gousse de vanilla	1 支
蛋黃 jaunes d'oeufs	3 個
麵粉 farine	17 g
玉米粉 poudre à flan	17 g
奶油 beurre	20 g

B

奶油 beurre （室溫軟化）	120 g
榛果醬 pâte de praliné	75 g
蘭姆酒 Rhum	20 g

泡芙麵糊 Pâte à choux

事前準備：烤箱使用前 30 分鐘預熱 (190°C)

1. 水、牛奶、奶油、鹽及細砂糖放入雪平鍋中煮沸在加熱的同時將麵粉過篩備用。

2. 將沸騰液體離火，將已過篩的麵粉加入雪平鍋中拌成團，至看不到白色粉粒爲止。

3. 以小火回煮拌炒至鍋底有層薄膜卽熄火離開，迅速將麵糊倒入攪拌鋼盆中用慢速將麵糊攪拌稍爲降溫。**1**

4. 分次加入全蛋，一次一個，不需要全加完，要加入第三個前必須先看麵糊的濃稠度。

5 以橡皮刮刀刮一大匙至鋼盆上方，往下慢慢滑落會呈現倒三角鋸齒狀，卽可裝入放好圓口花嘴的擠花袋中。
2 **3**

6. 取兩個烤盤放入烤焙矽膠墊分別用直徑 16cm 及 12cm 圓圈沾麵粉做記號。**4**

7. 先在直徑 16cm 的記號平行擠兩圈，之後在兩圈平行線的中間上方再擠一圈，擠完成後輕輕刷上裝飾的蛋液。**5**

8. 撒上杏仁片，並輕輕拍掉多餘的杏仁片，放入烤箱用 190°C烤焙約 25 ～ 30 分鐘，烤至金黃色，卽可取出，放涼後從頂部 1/3 處橫剖開備用。**6**

9. 在另一個在直徑 12cm 的記號外圈擠上一個圓，刷上額外的蛋液或水後，放入烤箱以 190°C烤約 15 ～ 20 分鐘，取出放涼。

- 做法 4 若麵糊狀態太稀就要再加入全蛋。
- 做法 5 另一個判斷方法以手指在麵糊中迅速劃過，看麵糊是否快速合上，如果沒合上或較慢合上須再加入少許蛋液以至麵糊快速合上卽完成。

榛果慕斯林醬 Crème mousseline au praliné

10. 先製作卡士達,將香草莢中的籽刮出外殼及籽和牛奶放入鍋中一起煮至 80℃。

11. 細砂糖和蛋黃打至微發後,加入麵粉和玉米粉用打蛋器拌勻。

12. 將煮至 80℃牛奶倒入作法 11 混合,然後回鍋煮至中心沸騰冒泡,再多煮 20 秒離火,倒入新的鋼盆加入奶油拌均勻,即為卡士達醬,整鍋隔冰水鍋攪拌迅速降溫。7

13. 將卡士達表面以保鮮膜服貼封好,鋼盆上再封一層保鮮膜後放入冰箱冷藏備用。8

14. 將從冰箱取出卡士達用球狀攪拌至沒有顆粒狀,分次加入室溫軟化奶油 (25～28℃)。

15. 再加入榛果醬及蘭姆酒拌勻,即為慕斯林醬。取 2/3 裝入鉅齒花嘴擠花袋,剩下的 1/3 裝入直徑 0.8cm 圓口花嘴擠花袋備用。9

組合 Montage

16. 直徑 12cm 的泡芙圈則從底部分別挖三個小洞。

17. 將 0.8cm 花嘴裡的榛果慕斯林分別擠入直徑 12cm 的小洞中填滿。10

18. 將底部 2/3 布列斯特泡芙用鉅齒花嘴的慕斯林擠上一圈;再放上已填滿慕斯林的直徑 12cm 泡芙。11

19. 之後由圓圈與泡芙底部用鉅齒花嘴擠上貝殼狀往上拉至直徑 12cm 的頂部,以這樣的方式擠一圈結束,之後上方在擠一圈慕斯林奶油餡。12

20. 將 1/3 的布列斯特泡芙用剪刀剪修飾一下後,蓋在頂部,撒上少許防潮糖粉裝飾即完成。

柚子閃電泡芙
Éclair Yuzu

以長條爲造型的泡芙稱爲「閃電泡芙」，源於 1863 年，巴黎的甜點師調整了一個叫做 DUCHESSES（公爵夫人餅）的甜點而製成的，因爲實在太美味，讓人以迅雷不及掩耳的速度吃完，如閃電般稍縱即逝，所以將這款泡芙稱作「閃電泡芙」。

早期閃電泡芙大多以巧克力甘納許及咖啡口味居多，現在已經有很多口味的變化了，甚至也有許多閃電泡芙專賣店呢。這次選擇做成柚子口味，因爲大部分台灣人喜歡酸酸甜甜的口感，而且柚子口味在台灣非常討喜，因此我們以柚子爲出發點，以英式奶油醬方式製成口感細膩清爽的輕奶油醬，作爲閃電泡芙的內餡。

工具

圓口花嘴、擠花袋、雪平鍋、橡皮刮刀、打蛋器、平口花嘴

材料　份量約 8 條

泡芙麵糊 Pâte à choux

水 eau	75 g
牛奶 lait	75 g
奶油 beurre	75 g
鹽 sel	1 g
細砂糖 sucre	1 g
T55 麵粉 farine	75 g
全蛋 oeufs entiers	3 個

柚子鏡面 Glaçage yuzu

吉力丁粉 gélatine en poudre	3 g
水 eau	18 g
鮮奶油 crème liquide	75 g
葡萄糖漿 glucose	30 g
白巧克力 chocolat blanc	90 g
免調溫白巧克力 pâte à glacer blanc	90 g
柚子汁 jus de yuzu	15 g
食用黃色色粉 colorant jaune	3 g

柚子輕奶油醬 Crémeux au yuzu

全蛋 oeufs		140 g
細砂糖 sucre		100 g
柚子汁 jus de yuzu		85 g
奶油 beurre	(冰硬)	165 g
吉力丁粉 gélatine en poudre		2 g
水 eau		12 g

泡芙麵糊 Pâte à choux

事前準備：烤箱使用前30分鐘預熱(180℃)

1. 水、牛奶、奶油、鹽及細砂糖放入雪平鍋中煮沸在加熱的同時將麵粉過篩備用。

2. 將沸騰液體離火,將已過篩的麵粉加入雪平鍋中拌成團,至看不到白色粉粒為止。

3. 以小火回煮拌炒至鍋底有層薄膜即熄火離開,迅速將麵糊倒入攪拌缸中,用慢速將麵糊攪拌稍微降溫。 **1**
   2

4. 分次加入全蛋,一次一個,不需要全加完,必須看麵糊狀態夠不夠稀。

5 以橡皮刮刀刮一大匙至鋼盆上方,往下慢慢滑落會呈現倒三角鋸齒狀,即可將麵糊裝入放好鋸齒花嘴的擠花袋中。 **3**

6. 在烤盤中放入烤焙墊,用刮板沾一點麵粉做記號,長度約 12cm。 **4**

7. 沿著記號長度擠出泡芙麵糊,放入烤箱以 180℃烤焙約 25 ～ 30 分鐘,烤至金黃色,即可取出放涼。 **5** **6**

> 慕斯林奶油,簡單來說就是卡士達加入另外比例的奶油,卡士達與奶油的基本比例是 2:1。
> 可依個人口感喜好調整比例,或加入酒類增加香氣。

柚子輕奶油醬 Crémeux au yuzu

8. 先將吉力丁粉與水攪拌均勻放入冰箱凝固備用。

9. 將全蛋與細砂糖放入鋼盆中攪拌至乳化微白。7

10. 柚子汁放入鍋中煮至沸騰後熄火分次慢慢加入做法 1 攪拌均勻。

11. 倒回鍋中用小火加熱至 82°C熄火過篩到奶油和吉力丁塊中用均質機均質。8 9

12. 完成後將食材貼面放置冷藏至少 2 ～ 3 小時備用。

柚子鏡面 Glaçage yuzu

13. 吉力丁粉加入 18g 水攪拌均勻放冷藏成吉力丁塊備用。

14. 鮮奶油、葡萄糖漿煮至沸騰倒入放有白巧克力、免調溫白巧克力及吉力丁塊的杯中均質。

15. 再加入柚子汁及食用黃色色粉均質備用。

組合 Montage

16. 使用直徑 0.5cm 的花嘴在泡芙底部挖三個洞。

17. 將柚子輕奶油醬放入裝有直徑 0.5cm 花嘴的擠花袋中；從泡芙底部三個洞將奶油醬灌入。10 11

18. 將柚子鏡面巧克力裝入放有平口花嘴的擠花袋中。

19. 於泡芙頂端擠上柚子鏡面，再依個人喜好放上裝飾即可。12

草莓芙蓮蛋糕
Fraisier

在法國，芙蓮算是一款非常傳統、經典的甜點，它的組合非常簡單，由拍入大量酒糖液的海綿蛋糕鋪底，填入慕斯林、擺放滿滿的新鮮草莓，再覆蓋杏仁膏做裝飾。這是最傳統的做法，現在也有許多新穎的變化，但就是一定會有海綿蛋糕和慕斯林，只是在比例和口感上稍做變化而已。

法國 Le Figaro 雜誌也在每年草莓季時舉辦「巴黎最佳草莓芙蓮蛋糕」（Les meilleures Fraisiers de Paris）的評監，評監的標準有四項：視覺感觀、味道、質地、品質與價格，每年每家甜點店也都會推出自家最棒的芙蓮蛋糕，可以參考法國快訊網站（lexpress.fr）。

當年第一次到巴黎麗池廚藝學校（L'école Ritz Escoffier）上課時那天 Chef 自己做了一個芙蓮蛋糕給大家享用時，我就愛上這款甜點，雖然 Chef 一直說蛋糕體必須要拍入多少的酒糖液、酒的含量需多少才可以讓蛋糕充滿濕度和香氣，慕斯林的比例與草莓的比例要多少才會好吃，還有還有草莓的品種會讓它的香氣留在甜點裡……我一直忘不了。其實台灣草莓的香氣也很適合製作這款甜點，於是我收錄到這本食譜裡，想讓大家動手做做看。

工具　　直徑 18cm 圓形蛋糕模 1 個

材料　　份量 1 份

海綿蛋糕 Génoise

全蛋 oeuf	3 個
細砂糖 sucre	90 g
T55 麵粉 farine	90 g
奶油 beurre	30 g

慕斯林奶油 Crème mousseline

牛奶 lait	250 g
香草莢 gousse de vanille	1 支
細砂糖 sucre	50 g
蛋黃 jaunes d'oeuf s	60 g
玉米粉 poudre à flan	12 g
T55 麵粉 farine	13 g
奶油 A beurre	25 g
奶油 B beurre （室溫） 150 g
櫻桃白蘭地 Kirsch	15 g

裝飾 Décoration

中型草莓 fraise	20 個
中小型草莓 fraise	20 個
杏仁膏 pâte d'amande	100 g
糖粉 sucre glace	少許
紅色色粉 colorant rouge	少許

海綿蛋糕 Génoise

事前準備：烤箱使用前 30 分鐘預熱 (180°C)；
麵粉過篩備用；融化奶油並保溫在 38°C備用。

1. 取烘焙紙剪一張直徑 18cm 的圓底及一條長約 60cm、寬 6cm 的長條，鋪入圓型模內。

2. 煮一鍋熱水，將全蛋與細砂糖攪拌均勻後，將鋼盆放置熱水鍋子上，一邊隔水加熱一邊用打蛋器打發至可以將麵糊寫一個 8 字不會消失。1

3. 加入過篩麵粉以橡皮刮刀用切拌的方式拌勻，之後再分散加入奶油，不要一口氣加入在中間。2

4. 以橡皮刮刀攪勻後，倒入圓型蛋糕模。3

6. 放入烤箱以 180°C烤焙，時間約 25 ～ 30 分鐘，烤至金黃色。

7. 烤完蛋糕倒扣在置涼架上，冷卻後將蛋糕橫剖成二枚厚度 1cm 的蛋糕片備用。4

慕斯林奶油 Crème Mousseline

8. 牛奶、香草莢放入鍋中煮至 80°C；細砂糖和蛋黃打微發後再加入麵粉和玉米粉攪拌均勻，將煮至80°C的香草牛奶倒入混合；然後回鍋煮至中心沸騰泡冒再多煮 20 ～ 30 秒，離火加入奶油 A 拌勻，以冰塊鍋迅速降溫。5

9. 將已冷卻卡士達放入攪拌缸拌至沒塊狀，再慢慢分次加入室溫奶油 B 拌至光滑，加酒拌勻，裝入擠花袋備用。6

> 慕斯林奶油，簡單來說就是卡士達加入另外比例的奶油，卡士達與奶油的基本比例是 2:1。可依個人口感喜好調整比例，或加入酒類增加香氣。

組合 Montage

10. 將草莓洗淨擦乾，中型草莓切掉蒂頭切半；中小型草莓切掉蒂頭即可。

11. 將圓型慕斯圈放在蛋糕底盤上，將中型草莓貼著模型圍一圈。 7

12. 取一片海綿蛋糕依照放好草莓的大小修剪後，放入底部並刷上酒糖液。 8

13. 在圍邊草莓的中間擠上慕斯林奶油，擠完後用抹刀抹平，以看不見慕斯圈的貼面邊為主。 9

14. 將慕斯林擠在蛋糕體上抹平，擺上去掉蒂頭的中小型草莓，再將慕斯林覆蓋住草莓抹平。 10

15. 放上一片未修剪的海綿蛋糕，刷上少許酒糖液後，抹上薄薄的的慕斯林，放入冰箱冷藏約 30～40 分鐘。 11

16. 將杏仁膏加入少許紅色色粉調色，在桌上撒上少許糖粉，放上已調色的杏仁膏，擀成直徑 18cm 圓型，蓋在蛋糕上，並切掉多餘杏仁膏。 12

17. 表面撒上少許防潮糖粉，擺上草莓、刷上鏡面果膠，再依喜好加上金箔和翻糖小花裝飾即完成。

> 使用 T55 麵粉因為筋度較高，做出來的蛋糕質地沒那麼鬆軟，拍上酒糖液可軟化蛋糕，使口感濕潤。

摩卡蛋糕
Moka

摩卡（Moka），是一款以咖啡風味為主的蛋糕，已有近 150 年的歷史了。Moka 原意指的是來自葉門紅海一帶地區所產的咖啡，主要是輸往歐洲而通過的港口 Moka 而得名。

在十九世紀初，巴黎有位甜點師 Quillet，他創造一款非常獨特的奶油霜，裡頭加了香氣濃烈的咖啡，也就是當時流行的摩卡咖啡，所以這款奶油當時也被稱為「Crème à Quillet」（奎爾特奶油）。然而在 1857 年他的徒弟 Guignard 用了這款奶油做了一款新蛋糕，他在蛋糕上抹上咖啡風味奶油霜，再放上一層蛋糕，最後側面貼上大量杏仁片，結果大受歡迎，自那時起摩卡蛋糕便成為法國傳統經典糕點之一，流行至今。

工具

直徑 18cm 圓形蛋糕模 1 個、直徑 16cm 慕斯圈 1 個

材料　份量 1 份

海綿蛋糕 Génoise

全蛋 oeufs entiers	3 個
細砂糖 sucre	90 g
T55 麵粉 farine	90 g
奶油 beurre	30 g
咖啡濃縮液 extrait café	5 g

酒糖液 Sirop d'emtrement

水 eau	100 g
細砂糖 sucre	115 g
蘭姆酒 Rhum	25 g

奶油餡 Crème au beurre

細砂糖 sucre	200 g
水 eau	70 g
全蛋 oeufs entiers	2 個
奶油 beurre	250 g
咖啡濃縮液 extrait café	20 g

裝飾 Décoration

杏仁片	120 g

海綿蛋糕 Génoise

事前準備：烤箱使用前 30 分鐘預熱（180℃）；
麵粉過篩備用；融化奶油並保溫在 38℃。

1. 取烘焙紙剪一張直徑 18cm 的圓底及一條長約 60cm、高 6cm 的長條，鋪入圓型模內。
2. 煮一鍋熱水，將全蛋與細砂糖攪拌均勻後，將鋼盆放置熱水鍋子上，一邊隔水加熱一邊用打蛋器打發至可以將麵糊寫一個 8 字不會消失。
3. 加入過篩麵粉，以橡皮刮刀用切拌的方式拌勻，之後再分散加入融化奶油及咖啡濃縮液，不要一口氣加入在中間。
4. 以橡皮刮刀攪勻後，倒入圓型蛋糕模。 1
6. 放入烤箱以 180℃烤焙，時間約 25～30 分鐘，烤至金黃色。
7. 烤完蛋糕倒扣在置涼架上，冷卻後將蛋糕橫剖成三枚厚度 1cm 的蛋糕片備用。 2

奶油餡 Crème au beurre

8. 將全蛋放入攪拌鋼中用球狀打發，此時不可中途暫停，持續打發。
9. 將水和細砂糖放入鍋中煮至 116℃，倒入打發的全蛋中（為炸彈麵糊），攪打至降溫。 3
10. 將室溫奶油分次加入炸彈蛋糕中，持續打發至泥膏狀，加入咖啡濃縮液，即為咖啡奶油餡，裝入擠花袋備用。 4

酒糖液 Sirop d'emtrement

11. 將水和細砂糖煮至沸騰，關火降溫後加入蘭姆酒備用。 5

組合 Montage

裝飾的杏仁片以 180°C 烤 10 分鐘烤上色備用。

12. 將蛋糕體用直徑 16cm 圈模壓取蛋糕片,移除外圍蛋糕。

13. 取一個直徑 18cm 慕斯圈及蛋糕底紙,在慕斯圈底部中間放入一片蛋糕,並拍入大量的酒糖液。 6

14. 放上咖啡奶油餡,用抹刀抹平。 7

15. 再放一片蛋糕、刷上大量酒糖液後,放入咖啡奶油餡抹平。 8

16. 放上最後一片蛋糕,刷上大量酒糖液,再放上咖啡奶油餡,高於圈模,接著用鉅尺刀一邊上下移動,一邊
    往左刮出花紋,放入冰箱冷凍冰硬。 9

17. 從冰箱取出脫模,於室溫中稍微放一下,再用手將烤杏仁片沾黏在蛋糕側面即完成。 10

歌劇院
Opéra

歌劇院是巴黎必遊景點之一，去過巴黎就會知道歌劇院與羅浮宮是在同一條大道上，一個在這端，一個在那頭。以前的皇宮貴族乘著馬車在大道上前往加尼葉歌劇院欣賞歌劇，想像當時情景好不熱鬧！

這款經典甜點也是在那個時候出現的，三層拍滿咖啡酒糖液的法式杏仁蛋糕，中間夾著咖啡奶油餡與巧克力甘納許，最上層再淋上閃亮的巧克力鏡面、點上少許金箔，宛如華麗的歌劇院舞台。

大家都知道這個甜點出自歌劇院附近的甜點老店 Dalloyau 甜點師 Cyriaque Gavillon 之手，但這款甜點在 Dalloyau 發明之前就早已存在了。在第一次世界大戰後，在四區的巴士底廣場邊，有位甜點師傅（Louis Clichy）路易克利斯為了展店，早已將歐貝拉的原型構思出來，並以他的名字命名，之後他把甜點店轉售給另一位甜點師馬塞爾（Marcel Bugat），同時也將此款甜點食譜一併售出。在某次聚餐時馬塞爾做了「Clichy」這款甜點，他的姻親即為 Dalloyau 老闆，非常喜歡，遂將食譜買下來並且改名為「Opéra」，在 Dalloyau 店內販售。

工具 矽膠烤模 (36×26×1cm)、平口花嘴、擠花袋

材料 份量 1 份（15×22cm）

杏仁蛋糕體 Biscuit Joconde

奶油 beurre	30 g
糖粉 sucre glace	150 g
杏仁粉 poudre d'amandes	150 g
T55 麵粉 farine	40 g
全蛋 oeufs entiers	4 個
蛋白 blanc d'oeuf	120 g
細砂糖 sucre	20 g

咖啡酒糖液 Sirop au café

義式濃縮咖啡 expresso	75 g
咖啡甜酒 Kahluak	75 g

咖啡奶油餡 Crème au beurre café

全蛋 oeufs entiers	30 g
細砂糖 sucre	60 g
水 eau	21 g
奶油 beurre	（室溫）75 g
咖啡濃縮液 extra café	3 g

甘納許 Ganache au beurre

鮮奶油 crème liquide	90 g
70% 巧克力 chocolat	90 g
奶油 beurre	（室溫）20 g

鏡面巧克力 Glaçage Opéra

70% 巧克力 chocolat 70%	120 g
免調溫巧克力 pâte à glacer	150 g
葡萄籽油 huile de pépin de raisin	27 g

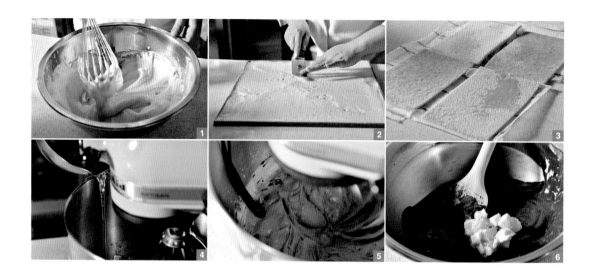

杏仁蛋糕體 Biscuit Joconde（36×26×1cm 矽膠烤模 2 份）

事前準備：烤箱使用前 30 分鐘預熱 180℃；矽膠烤模內薄塗奶油備用。

1. 奶油融化保持 38℃備用；糖粉和杏仁粉一起過篩；麵粉過篩備用。

2. 全蛋加入已過篩糖粉和杏仁粉中攪拌至微發。

3. 蛋白放入另一鋼盆打發，分次加入細砂糖打至硬性發泡，取一半打發蛋白加入做法 2 的麵糊中拌合，不須全拌勻。 1

4. 加入過篩的麵粉拌勻，再加入剩下的蛋白霜拌勻，加入融化奶油拌勻，倒入矽膠烤模中抹平。 2

5. 放入烤箱以 180℃烤約 12 ～ 15 分鐘表面呈現金黃色輕按壓表面會回彈即可取出，放架上冷卻。

6. 切取 3 片蛋糕體，每片切成大小 15×22cm 備用。 3

咖啡奶油餡 Crème au beurre café

7. 全蛋放入攪拌機中打發，中途不停，持續打發。

8. 細砂糖和水煮至 116℃倒入打發的全蛋中，慢慢降溫（此稱為炸彈麵糊）。 4

9. 分次加入室溫奶油至炸彈蛋糊中持續打發至泥膏狀再加入咖啡濃縮液，即完成咖啡口味奶油餡。 5

甘納許 Ganache au beurre

10. 鮮奶油煮沸騰，沖入 70% 巧克力中均質乳化，再加入室溫奶油拌勻即可。 6

鏡面巧克力 Glaçage

11. 將 70% 巧克力及免調溫巧克力放入鋼盆中以隔水加熱方式融化,再加入葡萄仔油均質即完成,溫度介於 35 ～ 38°C即可淋面。7

組合 Montage

12. 將咖啡酒糖液的兩種材料混合。

13. 將 100g 免調溫巧克力（材料外）融化,薄薄抹在一片蛋糕體上,抹完待乾後翻至背面,放在一張蛋糕墊上,刷上大量咖啡酒糖液。8

14. 用扁嘴花口擠花袋以貼在蛋糕體上約 0.2cm 的距離擠長條狀的咖啡奶油餡,擠滿整片蛋糕,再稍微抹平。9

15. 蓋上第二片蛋糕,表面上刷上大量咖啡酒糖液後,擠上甘納許。10

16. 蓋上第三片蛋糕擠一層咖啡奶油餡稍微抹平後放入冰箱冷凍冰硬,再取出淋上鏡面巧克力。11

17. 待淋面凝固之後修邊再切成切成 11× 3cm 長條型。12

· 做法 10 鮮奶油煮沸沖入巧克力之後先不急著攪拌,靜置讓巧克力融化至一半時再攪拌;攪拌動作由中心點往外畫圓（螺旋狀方式）,畫的速度要快,避免油水分離。如果油水分離,可用均質機均質。
· 做法 16 淋面時將蛋糕隔網架放在鐵盤上,鐵盤內可鋪一層保鮮膜,便於將巧克力回收再使用,也更好清潔。

草莓千層
Millfeulles aux Fraises

「Mill」這個字在法文是「千」的意思，「Feuilles」這個字則是「葉子或片狀」的意思。為何會出現在甜點的文字裡呢？因為這款甜點必須先製作一顆基本麵糰去包覆奶油後進行共 6 次 3 折疊的做法，完成後即為共 729 層，反覆折疊的奶油與麵糰藉由烘烤時，利用奶油融化時釋放的水蒸氣撐起麵粉的層次，而麵糰形成薄脆的層次，因此被稱為千層。

以千層派皮加上卡士達鮮奶油內餡，再放上新鮮草莓與打發鮮奶油裝飾，同時享受果香酸甜、鮮奶油綿密、卡士達滑順以及派皮酥脆的豐富口感！

工具　直徑 1cm 圓口花嘴、V 口花嘴

材料　份量 6 份

千層派皮 Pâte feuilletée

T55 麵粉 farine	250 g
鹽 sel	3 g
奶油 beurre	(切丁) 50 g
水 eau	125 g
奶油 beurre sec	(片狀) 200 g

卡士達鮮奶油 Crème Diplomate

卡士達醬 crème pâtissière	200 g
櫻桃白蘭地 Kirsch	10 g
鮮奶油 crème liquide	100 g
細砂糖 sucre	8 g

卡士達醬 Crème Pâtissière

牛奶 lait	250 g
細砂糖 sucre	50 g
香草莢 gousse de vanilla	1 支
蛋黃 jaunes d'oeufs	60 g
T55 麵粉 farine	12 g
玉米粉 poudre à flan	12 g
奶油 beurre	25 g

裝飾 Décoration

草莓 fraises	約 6~8 顆
鮮奶油 crème liquide	100 g
細砂糖 sucre	8 g
香草莢 gousse de vanille	1/4 支
鏡面果膠 glaçage miroir	適量

事前準備：烤箱使用前 30 分鐘預熱 180℃；
提前一天依照 P212 做法，製作好千層派皮麵糰。

千層派皮 Pâte feuilletée

---

1. 進行開皮，將派皮麵糰切成 2 份，桌上撒上手粉擀成每片厚度 3 ～ 4mm，24×30cm 大小。🗋 🗌

2. 放入冰箱冷凍冰硬後，取出並在派皮上用叉子或打洞器打洞，再次冷凍冰硬。🗌

3. 將派皮放入鋪好烘焙紙的烤盤，表面蓋上一張烘焙紙再壓上烤盤，放入預熱好的烤箱中，避免派皮膨漲。

4. 烤至呈現均勻的金黃色即可取出，趁熱在派皮上撒上一層薄薄的糖粉。

5. 再將烤箱升溫至 210℃，再次將派皮放入烤箱烤 5 ～ 8 分鐘，至呈現有光澤亮度及焦糖表面即可出爐。

6. 趁烤好的派皮還溫熱，修邊裁切成長 11cm、寬 4cm 備用。🗌 🗌 🗌

卡士達醬 Crème Pâtissière

---

7. 取一鍋將牛奶、香草莢煮至 80℃；另取一鋼盆將細砂糖和蛋黃打微發白後，再加入麵粉和玉米粉拌勻。

8. 將煮至 80℃ 牛奶倒入混合；然後回鍋過濾煮至中心沸騰泡冒，再多拌煮 20 ～ 30 秒再離火，加入奶油拌勻，
以冰塊鍋迅速降溫後，再用保鮮膜服貼表面放入冰箱冷藏備用。🗌

卡士達鮮奶油 Crème Diplomate

9. 卡士達醬拌軟拌勻加入櫻桃白蘭地；鮮奶油加入細砂糖打發。

10. 打發鮮奶油與卡士達用打蛋器分次輕輕拌合，避免鮮奶油消泡，再裝入放有圓口花嘴的擠花袋裡，放入冰
箱冷藏備用著。8

組合 Montage

11. 草莓洗好擦乾，去蒂頭切對半；鮮奶油、細砂糖及香草莢打發。

12. 取出一片 11×4cm 派皮，擠上水滴狀的鮮奶油卡士達醬。9

13. 蓋上一片派皮，再次擠上鮮奶油卡士達醬，再蓋上最後一片派皮。10

14. 將千層側翻，爲側面在上，放上草莓、刷上鏡面果膠，再用打發鮮奶油、開心果碎裝飾即完成。11 12

皇冠杏仁派
Pithiviers

皇冠杏仁派與國王餅都是法國著名甜點，但容易混淆，雖然兩者都是千層酥皮製成，其實皇冠杏仁派裡的內餡才是包著杏仁奶油餡；而國王餅的內餡則是卡士達杏仁奶油餡（frangipane），是每年1月6日主顯節前後吃的傳統糕點，附有宗教色彩。外觀上，皇冠杏仁派是花冠的外型，國王餅是圓形、表面劃菱格紋、葉形或放射狀線條。

皇冠來自於法國中北部的盧瓦雷省（Loiret）的皮蒂維耶（Pithiviers）小鎮，有五百年之久的歷史了。這個小鎮是以糕點和貿易聞文，「Pithiviers」這個字意思為四個路口的交會點，而這個糕點也透過四通八達的交通傳達到各地。小鎮的居民為了維護傳統和保存歷史，還成立了一個協會，稱之「La Confrérie du Pithiviers」。每年都會舉辦活動，希望讓更多人認識這個糕點，而且最重要的是皇冠杏仁派一年四季都可以買得到喔！

工具　18cm 圈模 1 個

材料　份量 1 份

千層派皮 Pâte feuilletée

T55 麵粉 farine	250 g
鹽 sel	3 g
奶油 A beurre	（切丁）50 g
水 eau	125 g
奶油 B beurre sec	（片狀）200 g

杏仁奶油餡 Crème d'amandes

奶油 beurre	（室溫）65 g
細砂糖 sucre	65 g
杏仁粉 poudre d'amandes	65 g
全蛋 oeuf	50 g
香草粉 extrait naturel de vanille	1 g
蘭姆酒 Rhum	5 g

裝飾 Finition

全蛋 oeufs entiers	1 個
糖水 sirop	1 適量
防潮糖粉 sucre glace	10 g

事前準備：烤箱使用前 30 分鐘預熱 180℃；
提前一天依照 P212 做法，製作好千層派皮麵糰。

千層派皮 Pâte feuilletée

1. 麵粉、鹽及丁塊奶油 A 放入鋼盆搓成砂粒狀，加入水拌成麵糰，將麵糰揉勻後滾圓，在表面切十字，以保鮮膜包好放入冰箱冷藏靜置 8 小時。 1

2. 將奶油 B 切成四塊，擺成田字型，以烘焙紙包起擀成 12×12cm 正方形、厚度 1.5cm 放入冰箱冷藏，即爲片狀奶油。 2

3. 取出靜置過麵糰，桌上撒上手粉擀成可以包覆正方形的奶油大小，包覆起來再擀壓。 3

4. 桌上撒上手粉，將已包覆奶油麵糰擀成長方形，進行 3 折疊（三折第一次）；將麵糰 90 度轉向再次擀成長方形，再進行三折疊（三折第二次），用保鮮膜包覆冷藏靜置 2 小時。 4 5 6

5. 將上列冷藏靜置的麵糰再次擀成長方形進行三折的第三次及轉向擀成長方形進行三折第四次，冷藏靜置 2 小時。上述動作再做一次進行三折的第五次及第六次，同樣再冷藏靜置 2～3 小時。

6. 進行開皮動作，將麵糰切 2 份，桌上撒上手粉擀成每片厚度 0.3cm，25×25cm，放入冰箱冷凍冰硬。

杏仁奶油餡 Crème d'amandes

7. 室溫奶油打軟，加入細砂糖打發，全蛋分 5 次加入，每次加入蛋液前需將奶油餡再稍微拌打，不要急著將蛋液全加完，一定要充份打發拌勻，避免造成油水分離。

8. 加入杏仁粉與香草粉用橡皮刮刀拌切方式拌勻，最後加入蘭姆酒拌勻即可，放冷藏備用。

組合 Montage

9. 取一片 25×25cm 派皮，用一個直徑 18cm 和 16cm 圓型模在派皮上以中心點爲主，輕壓一圈（不可壓破）做記號。 7

10. 將杏仁奶油餡裝入 1cm 圓口花嘴擠花袋中，在上述派皮，在 16cm 圓圈範圍內以螺旋狀擠出一圈，在第一圈上方繼續擠第二圈，並稍微將表面抹平。 8

11. 在杏仁奶油餡邊的派皮刷上薄薄蛋液，覆蓋上另一片派皮，輕輕按壓，在麵皮周圍切出花形，表面刷上蛋液，放入冰箱冷凍靜置約 20～30 分鐘。 9

12. 將皇冠杏仁派取出，再次刷上蛋液，用刀尖於表面中心往外劃出斜紋線，用竹籤在派皮上叉幾個小洞透出氣孔，再放入冰箱冷凍冰硬。 10

13. 將皇冠杏仁派放入鋪有烘焙紙的烤盤內，以 190℃烤箱，烤焙 30～35 分鐘，再降溫至 150℃烤 10 分鐘。烤好後取出趁熱刷上糖水，冷卻時撒上防潮糖粉裝飾。 11 12

・做法 7 奶油與蛋液裡的水分不容易互相吸收，必須靠攪拌讓奶油與蛋液均勻乳化。
・做法 11 派皮在切花形之前要注意硬度，如果太軟先放冰箱冷凍冰硬，再取出切花形。
・做法 12 在派皮上戳洞可防止烤焙時，因無法透氣而把派皮衝破。

國王餅
Galette des Rois

工具

直徑 18cm、22cm 圈模各 1 個、小瓷偶 1 個

材料　份量 1 份

千層派皮 pâte feuilletée		600 g
杏仁奶油餡 crème d'amandes	(見 P58)	160 g
卡士達 crème pâtissière		80 g
全蛋 oeufs entiers		1 個
糖水 sirop		適量
防潮糖粉 sucre glace		適量

千層派皮 Pâte feuilletée

事前準備：烤箱使用前 30 分鐘預熱 190℃。

1. 提前一天，按照 P212 做好千層派皮。
2. 進行開皮動作，將麵糰切 2 份，桌上撒上手粉，擀成每片厚度 0.3cm，大小約 22×22cm，放入冰箱冷凍冰硬。

杏仁奶油卡士達餡 Frangipane

3. 將杏仁奶油餡與卡士達混合均勻，放入擠花袋於冰箱冷藏備用。

組合 Montage

4. 取一片 22×22cm 派皮，用一個直徑 18cm 圓型模在派皮上以中心點爲主，輕壓一圈做記號。
5. 將 240g 的杏仁奶油卡士達餡，以螺旋狀方式擠兩層在 18cm 圓圈範圍內，可依喜好塞入小瓷偶。
6. 在杏仁奶油卡士達餡邊的派皮刷上薄薄蛋液，覆蓋上另一片派皮，輕輕按壓，使用直徑 22cm 圈模，對準內餡中心點，將多餘塔皮切掉，表面刷上蛋液，放入冷凍靜置約 20 ～ 30 分鐘，稍微冰硬。
7. 將國王餅取出，再次刷上蛋液，用刀子從圓的中心點往外劃出放射狀線條，用竹籤在派皮上叉幾個小洞透出氣孔，再次放入冰箱冷凍冰硬。
8. 將國王餅放入鋪有烘焙紙的烤盤內，放入烤箱以 185℃烤 30 ～ 35 分鐘，再降溫至 150℃烤 10 分鐘。烤好取出趁熱刷上糖水，冷卻時撒上防潮糖粉裝飾卽可。

檸檬塔
Tarte Meringuees au Citron

檸檬塔是歷史悠久的經典甜點，組織、層次非常簡單，大多使用酥塔皮或甜塔皮，中間填入檸檬奶油餡，再以義式蛋白霜裝飾，也是在法國上課時必學以及到甜點店必吃的一款甜點。我到了法國上課之後，開始也去各家甜點店品嘗，每次進入甜點店都一定都看到檸檬塔，雖然造型大同小異，但口感都不盡相同。所以，進入一家新的甜點店，可以先點檸檬塔，吃了之後再決定要不要購買其他品項，因爲一個檸檬塔可以代表一家店的口味。

法國檸檬塔源於南部的城市芒通（Menton），因爲盛產檸檬，在 1934 年起便開始舉辦檸檬節，檸檬塔也是節慶時的主角。有一說，早在中世紀就已出現過檸檬餡及檸檬口味的甜點，蛋白霜在十八世紀被應用到檸檬塔上，這個做法到了 19 世紀在歐洲已經大爲流行，至今受到世界各地的喜愛。順道一提，法國費加洛報也曾舉辦「最佳檸檬塔」活動，每家甜點店也都共襄盛舉，推出自家最棒的檸檬塔。

工具	直徑 18cm 塔圈、V 口花嘴、擠花袋
材料	份量 1 份

酥塔皮 Pâte sablée（Ø18cm）

T55 麵粉 farine	125 g
杏仁粉 poudre d'amande	15 g
奶油 beurre	（切丁）85 g
鹽 sel	1 g
細砂糖 sucre	50 g
蛋黃 jaune d'oeuf	1 個

義大利蛋白霜 Meringue Italienne

細砂糖 sucre	180 g
水 eau	60 g
蛋白 blancs d'oeufs	80 g

檸檬內餡 Crème de citron

細砂糖 sucre	180 g
全蛋 oeufs entiers	180 g
檸檬汁 jus de citron	80 g
檸檬皮絲 zestes de citron	1/2 顆
奶油 beurre	（冰硬）150 g

酥塔皮 Pâte sablée

事前準備：烤箱使用前 30 分鐘預熱 180℃。

1. 麵粉、杏仁粉、丁塊奶油、鹽、細砂糖放入鋼盆搓成砂粒狀，再加入蛋黃攪拌成團。

2. 取出麵糰放在桌上做均質動作，將麵糰一點一點分次往前推均勻；此動作做兩次，滾圓、壓扁放入冰箱冷藏靜置至少 1 小時，最好靜置 8 小時。1

3. 取出麵糰擀成圓型直徑約 22cm，鋪入塔圈並切除多餘塔皮，再將塔皮邊緣推勻推高至高於塔圈約 0.5cm，放入冰箱冷凍 20 分鐘。2 3

4. 塔皮上面鋪一張烘焙紙，放入重石或是紅豆、綠豆，再放入冰箱冷凍冰硬。4

5. 將塔皮連重石一起放入烤箱烤焙 15 ～ 20 分鐘，塔皮側緣呈現金黃色，去掉重石，再繼續烤 10 分鐘，讓塔皮側身及底部呈現金黃色即可。5

6. 烤好後，可隔水加熱融化白巧克力或融化可可脂，均勻塗在塔皮內部，再以刨皮刀稍微修整，讓塔皮邊緣平順即可。6

· 做法 3 在擀塔皮時，大小只要擀至比塔圈的圓大約 2cm 即可。

· 塔皮上放重石可以防上塔皮在烘焙過程中塔皮膨脹。

· 塔皮內塗白巧克力或可可脂可以隔絕填餡之後避免塔皮變軟。

義大利蛋白霜 Méringue Italienne

7. 細砂糖及水放入鍋中煮，當糖水煮至 95°C，同時將蛋白放入攪拌缸開始打發。

8. 糖水煮至 117°C 時離火，緩慢的倒入打發蛋白中，讓它繼續攪拌至降溫到 45°C 即停止，放入冷藏備用。7

檸檬內餡 Crème de citron

9. 細砂糖與全蛋放入鍋中先用打蛋器攪拌混合，加入檸檬汁及檸檬皮絲攪拌。

10. 開小火將上述鍋中液體以橡皮刮刀，邊煮邊攪拌至 85°C 呈現濃稠感，再隔篩網過篩到冰硬的奶油中，用均質機均質。8 9

組合 Montage

11. 檸檬餡倒入塔皮內整平，於冰箱冷藏約 20 ～ 30 分鐘。10

12. 取出已冰過的檸檬塔，將義大利蛋白霜裝入 V 口花嘴擠花袋，於表面做 S 形裝飾，再撒上些許開心果碎即可。11 12

做法 10 如沒有均質機，奶油必須是室溫狀態，並將煮好的檸檬餡降溫至 30°C，再與室溫奶油用打蛋器拌合乳化即可。

百香果檸檬塔
Tartelette aux Fruit de Passion et Citron

工具　直徑 7cm 塔圈 8 個

材料　份量 1 份

酥塔皮 Pâte sablée

T55 麵粉 farine	220 g
杏仁粉 poudre d'amandes	30 g
奶油 beurre　(切丁)	135 g
糖粉 sucre glace	85 g
鹽 sel	2 g
全蛋 oeufs entiers	36 g

百香果 & 檸檬奶油餡 Crème aux fruits de passion et citron

百香果汁 jus de fruits de la passion	85 g
檸檬汁 jus de citron	40 g
全蛋 oeufs entiers	120 g
細砂糖 sucre	115 g
奶油 beurre　(冰硬)	147 g

酥塔皮 Pâte sablée

事前準備：烤箱使用前 30 分鐘預熱 180°C。

1. 麵粉、杏仁粉、丁塊奶油、鹽、糖粉放入鋼盆搓成砂粒狀，再加入全蛋攪拌成團。

2. 取出麵糰放在桌上做均質動作，將麵糰一點一點分次往前推均勻；此動作做兩次，滾圓整型壓平放入冰箱冷藏靜置至少 1 小時，最好靜置 8 小時。

3. 取出麵糰擀成長方型約 25×36cm、厚度 0.3cm，取一枚直徑 10cm 圓型切模，壓取出 7 片麵皮，再鋪入 7cm 塔圈內，切除多餘塔皮並將塔皮邊緣推勻推高至高於塔圈約 0.5cm。

4. 塔皮上面鋪一張烘焙紙，放入重石或是紅豆、綠豆，再放入冰箱冷凍冰硬。

5. 將塔皮連重石一起放入烤箱以 180°C 烤焙 15 分鐘，塔皮側緣呈現金黃色，去掉重石，再繼續烤 8~10 分鐘，讓塔皮側身及底部呈現金黃色即可。

6. 烤好後可隔水加熱融化白巧克力或可可脂，均勻塗在塔皮內部，再以刨皮刀稍微修整讓塔皮邊緣平順即可。

百香果 & 檸檬奶油餡 Crème aux fruits de passion et citron

7. 細砂糖與全蛋放入鍋中先用打蛋器攪拌混合，加入檸檬汁及百香果汁攪拌。

8. 開小火將上述鍋中液體以橡皮刮刀，邊煮邊攪拌至 85°C 呈現濃稠感

9. 將煮好百香果檸檬餡過篩到冰硬的奶油中用均質機均質。

組合 Montage

10. 放入百香果檸檬餡整平，放入冰箱冷藏約 20 ～ 30 分鐘。

11. 取出適量耐凍鏡面果膠加上少許金箔攪拌均勻，再刷上百香果檸檬塔表面上做裝飾。

· 做法 3 有剩下的麵皮可重新整理，放冰箱冷藏後最多再次使用一次。
· 做法 9 如沒有均質機奶油必須是室溫狀態然後將煮好百香果檸檬餡降溫至 30°C 再與室溫奶油用打蛋器拌合乳化即可。

翻轉蘋果
Tarte Tatin

這是一款因意外錯誤而產生的美味甜點，所以在教學時我也常和學生說不要害怕做錯，或許也會成為下一次美麗的錯誤！

Tarte-Tatin 是在法國盧瓦 Lamotte-Beuvron 小村莊裡有一對姐妹經營的 HOTEL TATIN 中，因有天負責製作甜點的史蒂芬坦丁，正在製作飯後蘋果塔甜點，在慌忙中，忘了把塔皮舖入模型中就直接排入蘋果放入烤箱，在發現錯誤時，迅速擀皮覆蓋在蘋果上，繼續烤焙，等塔皮烤上色時，再翻正時，蘋果呈現柔軟綿密口感，因砂糖，奶油和蘋果的結合，讓蘋果產生了漂亮的焦糖色澤，

雖然是做錯了，但由於受到顧客非常的喜歡，之後此款甜點就成了 Hotel Tatin 的招牌甜點，也因此在於這對姐妹過世後，將食譜保存了下來，並以姐妹的姓氏來命名，即為 Tarte-Tatin，台灣則稱為「翻轉蘋果」，也在 20 世紀受到巴黎 Maxim's 高級餐廳及美食評論家肯農斯基的喜愛與替推廣而流行至國外。

我第一次吃到 Tarte-Tatin 是在東京藍帶進修的時候，第一天第一堂課就是這道甜點，當下覺得很不好做，師傅也說，要享用這道甜點得等三天才可享用，直到了第三天吃到它，突然覺得前面製作與等待的辛苦不算什麼了，非常值得，真是美味啊！

我愛上了這款甜點，回台灣試做了，由於製作不難，只是因為烘烤時產生的焦糖液不好清理和難脫模，便很少製作。直到在巴黎 L'École Ritz Escoffier 上課時才又有機會製作，讓我再次回味這款美味。這次為了想分享給台灣喜歡法式甜點的朋友，再次製作我喜愛的翻轉蘋果塔，希望大家不要怕麻煩，在家裡做做看，你一定會愛上這款甜點！

工具　直徑 20cm 芙蘭模
材料　份量 1 份

塔皮 Pâte brisée

T55 麵粉 farine	125 g
鹽 sel	1 g
奶油 beurre	(切丁) 95 g
水 eau	25 g

翻轉蘋果 Tarte tatin

奶油 beurre	90 g
細砂糖 sucre	100 g
中型蘋果 pommes	8 顆
杏桃鏡面果膠 Nappage abricot	(烤後裝飾) 適量

塔皮 Pâte brisée

事前準備：烤箱使用前 30 分鐘預熱 180℃。

1. 將麵粉、鹽、丁塊奶油放入鋼盆搓成砂粒狀，加入水拌成團，用手掌往前分次推均勻，再放入冰箱冷藏靜置至少 1 小時，冰到有點硬度，最好是冷藏靜置 8 小時。
2. 取出麵糰，敲軟讓它內外軟硬度一致，桌上撒手粉，將塔皮擀成直徑約 20cm 圓型、厚度約 0.3cm，蓋上芙蘭模，沿著模型將多餘塔皮切掉。 1 2
3. 放入冰箱冷凍 10 分鐘後，用叉子在塔皮上戳洞，再放入冰箱冷凍備用。

翻轉蘋果 Tarte tatin

4. 蘋果洗淨去皮去籽，切成 4 瓣備用；芙蘭模內部薄塗奶油備用。
5. 細砂糖放入平底鍋煮成焦糖色，加入奶油拌勻，即為焦糖醬。 3
6. 將蘋果全部放入芙蘭模中，淋上焦糖醬，上層蓋一張烤焙紙，放入烤箱以 180℃烤 60 分鐘。 4 5
7. 取出將派皮覆蓋在蘋果表面上，再次烤焙約 12 ～ 15 分鐘，烤好後取出冷卻，靜置半天再脫模。 6 7
8. 取些許杏桃鏡面果膠加 1：1 的水煮至沸騰，刷在翻轉蘋果上即完成。 8

187 翻轉蘋果柚子塔
Tarte Tatin Chez 187

工具　直徑 7cm 塔圈、直徑 7cm 半圓球連模

材料　份量 6 〜 8 個

糖漬蘋果 Pomme confites

細砂糖 A sucre	100 g
果膠粉 pectine NH	25 g
中型蘋果 pommes	1100 g
水 eau	1000 g
細砂糖 B sucre	600 g
柚子汁 jus de yuzu	200 g

柚子奶油餡 Crèmeux au yuzu

柚子汁 jus de yuzu	45 g
全蛋 oeufs	75 g
細砂糖 sucre	48 g
奶油 beurre	(冰硬) 78 g
吉力丁片 gélatine	2 g

甜塔皮 Pâte sucrée

T55 麵粉 farine	125 g
糖粉 sucre glace	65 g
杏仁粉 poudre d'amandes	15 g
鹽 sel	1 g
奶油 beurre	65 g
全蛋 oeufs	25 g

甘邑慕斯林醬 Crème mousseline cognac

卡士達 crème pâtissière	250 g
奶油 beurre	(室溫) 80 g
甘邑酒 cognac	20 g

糖漬蘋果 Pomme confites　　　　　　　　　事前準備：烤箱使用前 30 分鐘預熱 160℃。

1. 細砂糖 A 與果膠粉混合備用。
2. 蘋果去皮去籽，1 顆切成兩半。
3. 水、細砂糖和柚子汁煮至沸騰後，將蘋果放入柚子糖水中，用小火煮 15 分鐘至有點軟化，表面以保鮮膜貼面放冰箱冷藏 12 小時。
4. 取出蘋果並沾附混合的細砂糖和果膠粉，之後將蘋果塞入半圓球模型中。
5. 以預熱烤焙 160℃，烤焙約 15 ～ 20 分鐘，之後出爐冷卻，放冷凍 4 ～ 5 小時，冰硬脫模放冷凍備用。

甜塔皮 Pâte sucrée　　　　　　　　　　　事前準備：烤箱使用前 30 分鐘預熱 180℃。

6. 麵粉、糖粉、杏仁粉、鹽、丁塊奶油放入鋼盆搓成砂粒狀，加入全蛋液拌成團，用手掌在桌上均質，放入冰箱冷藏靜置至少 1 小時（冰硬），最佳靜置時間是 8 小時。
7. 取出麵糰擀成長方型約 25×36cm、厚度 0.3cm，取一枚直徑 10cm 圓型切模，壓取出 7 片麵皮，鋪入塔圈，將上面側邊突出的塔皮用小刀切除，放入冰箱冷凍冰硬。
8. 取出塔皮，墊一張烘焙紙放重石，放入烤箱以 180℃烤約 15 分鐘，塔皮側緣呈現金黃色，移除重石，再繼續烤約 10 分鐘至塔皮底部均勻上色即可。

柚子奶油餡 Crèmeux au yuzu

10. 吉力丁片泡軟，與冰硬奶油放入杯中備用。
11. 柚子汁加熱 80℃，同時全蛋，細砂糖打發，當柚子汁 80℃時沖到蛋鍋中拌勻。
12. 回鍋煮至 85℃爲英式奶油醬，過篩到做法 10 杯中，用均質機均質後，裝入擠花袋備用。

甘邑慕斯林醬 Crème mousseline cognac

13. 將卡士達打軟後，加入室溫奶油拌勻，再加入甘邑酒拌勻即可。

組合 Montage

14. 取一個烤好餅乾塔殼，擠入 20g 甘邑慕斯林，放入冰箱稍冷凍，再取出擠上 20 ～ 22g 柚子奶油餡至塔殼平高並抹平，在放入冰箱冷凍 5 分鐘。
15. 取杏桃果膠加水煮沸備，淋在蘋果表面做鏡面。
16. 將做法 14 的蘋果放在柚子奶油餡上，蘋果與塔殼的連接處依喜好用巧克力飾片裝飾即完成。

巧克力塔
Tarte au Chocolat

巧克力塔在法國甜點店或學校都是很常見的一款甜點塔，大部份製作巧克力塔都是先烤好塔殼後加入甘納許內餡即完成；另外也有在甘納許中加入蛋拌勻再倒入塔殼中再次烘烤，法國大部分是以後者為主，因此這次我們也以甘納許加蛋、鮮奶油，另外再加入榛果醬增加巧克力香氣來讓巧克力塔更有風味。烤好冷卻後，上面再放上巧克力脆餅，提升口感，就不再是單單的巧克力塔，讓風味、外觀更加有趣。

甘納許（Ganache）這個字是法文音譯，簡單來說就是將鮮奶油煮沸沖入巧克力中拌勻乳化。一般比例會控制在 1：1，但鮮奶油中含水，因此會依照所想呈現的濃稠度，去調整巧克力與鮮奶油的比例。另外在製作甘納許也要注意鮮奶油煮沸後再倒入巧克力時的溫度喔！如果鮮奶油溫度太高會破壞巧克力的凝固力，反之溫度太低會無法融化巧克力，甚至可能產生油水分離現象，所以最好在鮮奶油煮沸後倒入巧克力中，先靜置一下，不急著攪拌，等巧克力溶化大約 2/3 了，用橡皮刮刀由中心點往外，以螺旋狀畫圓壓底的方式攪拌，這些都是製作甘納許必須注意的狀況。

工具　　直徑 18cm 塔模　　　**材料**　　份量 1 份

杏仁甜塔皮 Pâte sucrée aux amandes (每個 220g)

T55 麵粉 farineT55	125 g
奶油 beurre	(切丁) 65 g
糖粉 sucre glace	65 g
杏仁粉 poudre d'amande	15 g
鹽 sel	1 g
全蛋 oeuf entier	25 g

巧克力脆餅 Crumble au chocolat

奶油 beurre	80 g
鸚鵡糖 cassonade	40 g
T55 麵粉 farine	90 g
可可粉 cacao en poudre	10 g

巧克力內餡 Crème au chocolat

鮮奶油 crème liquide	150 g
64% 法芙娜巧克力 64% Valrhona	130 g
榛果醬 praliné	30 g
奶油 beurre	25 g
全蛋 oeuf entier	50 g

可可片 Nougatine cacao

奶油 beurre	25 g
葡萄糖漿 glucose	10 g
糖粉 sucre glace	30 g
鮮奶油 crème liquide	10 g
可可碎粒 pépites de chocolat.	40 g

杏仁甜塔皮 Pâte sucrée aux amandes

事前準備：烤箱使用前 30 分鐘預熱 180°C。

1. 麵粉、杏仁粉、丁塊奶油、鹽、糖粉放入鋼盆搓成砂粒狀，再加入全蛋攪拌成團。
2. 取出麵糰放在桌上做均質動作，將麵糰一點一點分次往前推均勻；此動作做兩次，滾圓、壓扁放入冰箱冷藏靜置至少 1 小時，最好靜置 8 小時。**1**
3. 取出麵糰擀成圓型 22cm，鋪入 18cm 塔圈，切除多餘塔皮，並將塔皮邊緣推勻推高至高於塔圈約 0.5cm 放入冰箱冷凍冰硬。**2** **3**
4. 塔皮上面鋪一張烘焙紙，放入重石或是紅豆、綠豆，再放入冰箱冷凍冰硬。**4**
5. 將塔皮連重石一起放入烤箱烤焙 15 ～ 20 分鐘，塔皮側緣呈現金黃色，去掉重石，再繼續烤 10 分鐘，讓塔皮側身及底部呈現金黃色即可。**5** **6**

巧克力脆餅 Crumble au chocolat

6. 奶油、鸚鵡糖、麵粉、可可粉放入攪拌機拌打成濕性砂粒狀，鋪平在放有矽膠墊的烤盤內，放入冰箱冷凍稍冰硬。
7. 放入烤箱以 160°C 先烤 8 分鐘，取出用叉子翻動，不要讓它結塊，接著再繼續烤 7 分鐘，即可取出巧克力脆餅冷卻備用。**7**

巧克力脆餅以保鮮盒密封放冰箱冷凍可保存約 2 星期。

巧克力內餡 Crème au chocolat

事前準備：烤箱使用前 30 分鐘預熱 140℃。

8. 鮮奶油放入鍋中煮沸騰，沖入巧克力及榛果醬中拌勻，加入奶油拌合，最後加入全蛋拌勻，倒入已烤好餅乾塔殼中。 **8**

9. 放入烤箱以 140℃烤焙 7 分鐘，取出冷卻備用。

可可片 Nougatine cacao

事前準備：烤箱預熱 180℃。

10. 奶油、葡萄糖漿、細砂糖放入鍋中融化，加入鮮奶油以大火煮至沸騰後，熄火加入可可碎粒拌合，倒入烤焙紙中，蓋上烤焙紙後擀平擀薄。 **9**

11. 放入烤箱以 180℃烤焙 7 ～ 10 分鐘，取出冷卻後即可剝小片備用。 **10**

組合 Montage

12. 將已有內餡的巧克力塔鋪上巧克力脆餅，撒上防潮糖粉，最後以可可片裝飾即為完成。
    11 **12**

蘋果塔
Tarte aux Pommes

一道法國家喻戶曉，大家都會做的甜點，也是不管在哪裡上課第一堂必學甜點。

這道甜點有它固定的組合，大部分的組成為基本塔皮、焦糖炒蘋果、表面裝飾的的蘋果切片。

地方傳統糕點也有很多使用蘋果的，例如以生產蘋果聞名的諾曼地也有諾曼地蘋果塔，及位於羅亞爾河谷的翻轉蘋果。然而要回溯歷史典故，歷史上的第一顆蘋果派（塔）食譜始於1381 年的英格蘭，當時除了蘋果以外，也使用了無花果、葡萄乾、西洋梨，不使用砂糖，因為當時的砂糖非常的昂貴，再來是使用容器來製作這項甜點。在 16 世紀時荷蘭也出現了一份蘋果派食譜，使用派皮加上蘋果、小豆蔻、薑和蜂蜜去烘烤。當時的荷蘭屬於神聖羅馬帝國版圖，羅馬人非常喜歡吃派，也愛使用麵粉與蜂蜜及果乾搭配製成甜品，所到經傳的地方皆引進製作派的飲食文化。

工具　直徑 18cm 塔模

材料　份量 1 份

塔皮 Pâte à foncer

T55 麵粉 farine Type 55	125 g
奶油 beurre	（切丁）95 g
鹽 sel	3 g
水 eau	20 g

蘋果泥 Compote de pommes

細砂糖 sucre	50 g
奶油 beurre	30 g
中型蘋果 pommes	3 個
香草莢 gousse de vanille	1 支
蘋果酒 Cavaldos	20 g

裝飾 Finition

中型蘋果 pommes	2 顆
杏桃鏡面果膠 Nappage abricot	30 g

塔皮 Pâte à foncer

事前準備：烤箱使用前 30 分鐘預熱 180℃。

1. 將麵粉、鹽、丁塊奶油放入鋼盆搓成砂粒狀，加入水拌成團，將麵糰放在桌上往前分次推均勻後，放入冰箱冷藏靜置至少 1 小時，冰到有點硬度，最好是冷藏靜置 8 小時。 1

蘋果泥 Compote de pommes

2. 蘋果去皮去籽，切約姆指大小的丁塊。 2
3. 剪張比鍋子大的圓形烘焙紙，圓型烘焙紙中挖個約 1cm 小洞。 3
4. 細砂糖放入鍋中焦糖化，加入奶油，奶油與焦糖結合，倒入丁塊蘋果及香草莢，此時蘋果表面蓋上圓型烘焙紙，等約 1 ～ 2 分鐘蘋果出水翻攪炒至蘋果吸收到焦糖。 4 5
5. 再次覆蓋上圓型烘焙紙，再等 1 ～ 2 分鐘再次翻動蘋果，此時蘋果應該大量出水，可以利用木匙將少量軟爛焦糖蘋果搗成泥狀，留些丁塊，盛出冷卻備用。 6

蘋果泥留一些丁塊不完全搗成泥，是想增加口感，可以依喜好決定。

組合 Montage

6. 將裝飾用的 2 顆蘋果去皮去籽，對切後 0.2 ～ 0.3cm 薄片備用。 **7**

7. 將麵糰取出擀成 22cm 大的圓形，鋪入 18cm 塔圈，側邊貼緊，上緣突出多餘部分切除並放入冷凍靜置 10 分鐘。 **8** **9**

8. 取出冰硬塔皮，蘋果泥放入塔皮中鋪平，並排放蘋果薄片，放上幾點額外奶油及撒上少許細砂糖。 **10** **11**

9. 放入烤箱以 180℃烤約 40 ～ 45 分鐘，烤至呈現金黃色即可。

10. 杏桃鏡面果膠加 1：1 的水加熱煮沸再使用。

11. 出爐後，趁熱刷上杏桃果膠，讓蘋果塔看起來更美味。 **12**

- 做法 8 注意塔皮如果變軟，續放回冰箱冷凍冰硬再後烤焙。
- 做法 9 如家裡的烤箱不均溫，須在烤至 2/3 的時間後將烤盤前後對調。

西洋梨塔
Tarte au Poires

西洋梨塔原名爲布魯耶爾洋梨塔（Tarte Bourdaloue），源自甜點師所居住的街名。去到法國之前很少看到進口的西洋梨，大都使用罐裝糖漬西洋梨，到了法國則是自己糖漬西洋梨。這幾年台灣也有進口西洋梨了，每到西洋梨的季節，我喜歡購買新鮮西洋梨來糖漬，並且做成西洋梨塔，店裡的客人喜歡，我自己也很愛。

西洋梨塔幾乎可說是法國人童年的記憶，每次187店內推出，那些在台灣的法國人都會來購買，看到大家都喜歡，我心裡也就很開心滿足了。我喜歡所有原物料都自己動手做，原因是新鮮，從塔皮、杏仁奶油餡、糖漬西洋梨，甚至最後糖漬過的湯汁，都拿來做成果凍，杯子裡放入少許果凍，加上一球香草冰淇淋，切一片糖漬過的西洋梨，又變成另一道飯後甜點了。能將這款多用途的糖漬西洋梨收在書裡、推薦給大家，眞的很開心。

記得，製作糖漬西洋梨時，挑硬一點的西洋梨，不要挑軟的，而且硬的新鮮吃也會有脆脆的口感！糖漬完成須放冷藏一晚，讓西洋梨吸收湯汁，這樣製作西洋梨塔時味道會更棒喔，還有塔烤完，內餡及西洋梨會更溼潤好吃。

工具　直徑 18cm 塔模　　　**材料**　份量 1 份

杏仁甜塔皮 pâte sucrée aux amandes

奶油 beurre	（切丁）50 g
糖粉 sucre glace	40 g
T45 麵粉 farine T45	100 g
泡打粉 poudre à lever	0.25 g
杏仁粉 poudre d'amandes	15 g
全蛋 oeuf entier	25 g

糖漬西洋梨 Compote de poires épicées

西洋梨 poire	6 顆
檸檬 citron	2 顆
細砂糖 sucre	135 g
水 eau	350 g
香草莢 gousse de vanille	1 支
肉桂棒 bâton de canelle	1 支
八角 anis	3 粒

杏仁奶油餡 crème d'amandes

奶油 beurre	（室溫）65 g
細砂糖 sucre	65 g
杏仁粉 poudre d'amandes	65 g
全蛋 oeuf entier	50 g
香草粉 extrait naturel de vanille	1 g
蘭姆酒 Rhum	5 g

裝飾 Finition

杏桃鏡面果膠 Nappage abricot	適量
開心果碎粒 pistache	少許

甜塔皮 Pâte sucrée aux amandes

事前準備：烤箱使用前 30 分鐘預熱 180°C。

1. 麵粉 T45、泡打粉、糖粉、杏仁粉、丁塊奶油放入鋼盆搓成砂粒狀，加入全蛋拌成團。
2. 將麵糰以掌心往前分次推均勻，冷藏靜置至少 1 小時冰到有點硬度，最好是冷藏靜置 8 小時。1 2

糖漬西洋梨 Compote de poires épicées

3. 西洋梨去皮，由底部挖掉籽，順便抹上額外檸檬汁，以防西洋梨氧化。
4. 檸檬刨皮後取檸檬汁放入鍋中，加入細砂糖、水、香草莢、肉桂及八角煮至沸騰，再加入去皮去籽西洋梨用小火燉煮，在煮時用張圓型烘焙紙覆蓋在西洋梨表面。
5. 煮約 3 ～ 5 分鐘掀起，用橡皮刮刀推推西洋梨注意看是否有些軟度，如果有就不需再煮，熄火冷卻，表面用烘焙紙覆盆，貼上保鮮膜放入冰箱冷藏一晚備用。3

杏仁奶油餡 Crème d'amandes

6. 室溫奶油打軟，加入細砂糖打發，全蛋分 5 次加入，每次加入蛋液之前需將奶油餡再拌打均勻，避免油水分離。4
7. 加入杏仁粉與香草粉用橡皮刮刀拌切方式拌勻，最後加入蘭姆酒拌勻，即可將奶油餡放入擠花袋，於冰箱冷藏備用。5 6

組合 Montage

8. 將糖漬西洋梨與液體撈出瀝乾，對切後，取兩支竹籤放在西洋梨兩側，由前往後切片每片 0.2cm，不切斷。7

9. 取出冷藏的塔皮，塔皮先用擀麵棍敲軟使其柔軟度內外一致，桌上撒上手粉擀成 22cm 圓型塔皮，入到 18cm 塔圈，側邊緊貼，上緣突出部份去除整邊使其高度高出 0.5cm，放入冷凍冰硬。8 9

10. 杏仁奶油餡擠入塔皮，擠量約塔圈 1/2 高並抹平。10

11. 將 6 瓣切好的西洋梨以花型排入塔皮內。11

12. 放入以 170°C 烤焙約 30 分鐘，看杏仁奶油餡及塔皮是否呈現金黃色，即可取出冷卻、脫膜。

14. 杏桃果膠加水蓋過果膠，加熱至沸騰融化果膠，趁熱刷在西洋梨及塔皮上的表面，側緣撒上一圈切碎的開心果碎粒即完成。12

蘭姆芭芭
Baba au Rhum

18 世紀時，有位非常喜愛吃甜點的前波蘭王 Stanislas Lescynski，波蘭的最後一位國王暨法國洛來伯爵，他覺得咕咕霍夫吃起來太乾了，更異想天開的把麵包泡在含有酒的糖水中，讓烘烤後的麵包氣孔吸滿了糖水，變成溼潤又美味的甜點。當時國王非常沈迷於風靡歐洲的「一千零一夜」，而他最喜愛的英雄人物是天方夜譚中的主角阿里巴巴，便以他的名字來爲這個甜點命名。後來，在他的甜點師傅 Stohrer 引進巴黎並且改良以蘭姆酒浸泡，就成了現在的「蘭姆芭芭」（baba au rhum），這個甜點至今都是店裡的招牌，店面位置因車子無法進入，連英國女王也步行至店裡享用這款簡單素雅的甜點。

工具 直徑 6cm 慕斯圈 4 個　　**材料** 份量 4 個

麵糰 Pâte

T45 麵粉 farine type T45	150 g
細砂糖 sucre	12 g
鹽 sel	3 g
酵母 levure	10 g
全蛋 oeuf entier	1 個
水 eau	50 g
奶油 beurre	50 g
葡萄乾 raisins sec	10 g

糖水 Sirop de trempage

水 eau	500 g
細砂糖 sucre	180 g
檸檬皮絲 zestes de citron	3 g
橙皮絲 zestes d'orange	3 g
香草莢 gousse de vanille	1 支
蘭姆酒 Rhum	50 g

1. 麵粉、細砂糖、鹽放入攪拌缸，酵母加 20g 溫水 (40°C) 拌融化倒入攪拌缸，全蛋和剩於 30g 的水倒入攪拌缸。

2. 用鉤狀攪拌，剛開始會非常黏稠，繼續攪拌，當麵糊發生叭叭叭的聲音表示麵糰已開始要成形，當麵糰有光澤度及不沾黏鋼盆就可加入奶油，繼續攪拌到麵糰拿起拉開有網狀即可，加入葡萄乾用慢速攪拌均勻即可。**1** **2**

3. 將麵糰裝入擠花袋，擠入模型約六分滿，此時麵糰無法切斷，可以用剪刀剪斷或是手沾水切斷。**3**

4. 將麵糰放置發酵箱 30 分鐘，等麵糰長大至高過模型；同時預熱烤箱 180°C。**4**

5. 麵糰表面噴點水防止烤焙時過乾，放入烤箱以 180°C 烤焙約 20 ～ 25 分鐘。

6. 將水、細砂糖、檸檬皮、橙皮絲和香草莢放入鍋中煮沸，熄火加入蘭姆酒備用。**5**

7. 蘭姆芭芭烤好後，趁熱放入糖水中浸泡，等一面吸收了糖水再翻面，吸飽後撈出瀝乾即可享用。**6**

咕咕霍夫
Kugelhof Alsacien

阿爾薩斯位於法國東部，與德國的交界處。咕咕霍夫是阿爾薩斯語中圓型蛋糕的意思。它的起源地也頗受爭議的，在法國阿爾薩斯、德國南部，以及奧地利都有，但現今只要提到咕咕霍夫，大家都會想到阿爾薩斯。相傳它誕生在十七世紀，是一款口感介於蛋糕與麵包之間，是由一種中空螺旋狀的模子作成的皇冠外型，在聖誕節的期間，阿爾薩斯家家戶戶都會享用這款糕點。

工具 咕咕霍夫陶瓷烤模 1 個　　**材料** 份量 1 個

麵糰 Pâte

酵母 levure	10 g
牛奶 lait	90 g
T45 麵粉 farine T45	255 g
鹽 sel	5 g
細砂糖 sucre	40 g
全蛋 oeufs entiers	100 g
奶油 beurre	100 g
檸檬皮絲 zestes de citron	3 g
葡萄乾 raisins sec	55 g

裝飾 Finition

奶油 beurre	（抹模型用）	適量
杏仁粒 amandes		適量
防潮糖粉 sucre glace		適量
澄清奶油 beurre clarifié		適量

事前準備：將葡萄乾用煮沸水沖洗過，放涼後用蘭姆酒浸泡 1 ～ 2 天備用。

1. 酵母以 30g 溫牛奶攪融化，加入麵粉、鹽、細砂糖、60g 牛奶、全蛋、檸檬皮絲放入攪拌缸攪拌混合。

2. 用 1 速攪拌 2 分鐘，再用 2 速揉 3 分鐘，在麵糰 14℃時加入一半的奶油，再以 1 速繼續揉 5 分鐘，再加入剩下一半的奶油，再以 2 速揉 1 ～ 2 分鐘，加入泡過蘭姆酒的葡萄乾用 1 速拌合。**1**

3. 將麵糰放入抹有奶油的鋼盆中，貼上保鮮膜放入 23℃發酵箱中發酵約 1 小時 30 分。**2**

4. 發酵好的麵糰放在桌上排氣整型。**3**

5. 咕咕霍夫模型內刷上奶油，撒上細砂糖，倒出多餘細砂糖，排入杏仁粒。**4**

6. 將麵糰放入模型中，放入 29℃的發酵箱內發酵 1 小時半，注意看發酵狀況，與模型平高，可以用手沾點手粉輕碰麵糰表面是否回彈，如果回覆表示發覆完成。**5**

7. 放入烤箱以 180℃烤焙約 50 分鐘，出爐脫模，趁熱刷上澄清奶油、撒上防潮糖粉。**6**

曾有一說是法國大革命期間，民不聊生時，皇后瑪麗安東尼說了一句話：「吃不起麵包，就吃蛋糕啊！(S'ils n'ont plus de pain, qu'ils mangent de la brioche.)」，這裡的蛋糕指的是布里歐修。這句話其實是誤傳，現在已被平反了，原本瑪麗皇后說的是「吃不起麵包，為什麼不吃麵包皮沾醬呢？」布里歐修因為使用了大量的蛋、牛奶和奶油製作，質地非常柔軟，所以大多法國人也把布里歐修當做甜點享用。

布里歐修
Brioche Fine

工具 18×18×8cm 水果條模 1 個

材料 份量 1 個

麵糰 Pâte

牛奶 lait	20 g
新鮮酵母 levure fraîche	8 g
全蛋 oeufs entiers	100 g
鹽 sel	4 g
細砂糖 sucre semoule	20 g
T45 麵粉 farine T45	200 g
奶油 beurre （切丁）	100 g

1. 將牛奶溫熱至 40℃，加酵母攪拌溶化。 **1**
2. 攪拌缸內放入蛋，細砂糖，鹽，溶化酵母加入用鉤狀攪拌，加入麵粉以慢速攪拌 3 分鐘，再換中速拌打 5 分鐘，加入一半量的奶油，用低速拌打 2 分鐘，之後再加入另一半的奶油，繼續打 2 分鐘，接著快速攪拌 直到麵糰成型，以保鮮膜封好放入冰箱冷藏靜置一晚。 **2**
3. 第二天將麵糰取出排氣分割，每個 50g 共 6 個。 **3** **4**
4. 靜置 20 分鐘，滾圓整理，稍微交錯放入模型，最後以 30℃發酵 50 ～ 60 分鐘。 **5**
5. 將發酵好的布里歐修整模放入烤箱以 160℃烤焙約 30 分鐘，烤至顏色呈金黃色即可取出脫模冷卻。 **6**

史多倫
Stollen

這款史多倫是我 2013 年冬天在德國上課學的，雖然很早以前就聽過，這卻是我第一次吃到，我非常喜歡，除了這款麵包在德國上課期間也愛上了德國麵包的紮實與香氣。來自德國聖誕節必備傳統麵包，以大量果乾，堅果做成發酵甜點，出爐後刷上大量澄清奶油，再趁熱時撒上大量糖粉。

史多倫起源於德國東部的德電斯頓的一個城鎮，在歐洲，麵包通常都與宗教文化有著密不可分的關係，有人說這款麵包代表著襁褓中的耶穌，果乾則代表著禮物與祝福，當聖誕節來臨，德國則以分享這款麵包，來慶祝聖誕節；而且這款麵包還不能製作完馬上食用，必須放上五天，才開始每天一點一點的食呢！另外還有一個故事說這款麵包是為了紀念一個仁慈愛民的國王，以國王的名字命名。

史多倫是屬於高糖、高油的麵包，因此它可以保存一個月，在聖誕節前一個月便開始在販售史多倫了，人民也會在聖誕節前兩三個星期買下來慢慢享用。在台灣這幾年也開始慢慢流行在聖誕節時開始享用史多倫，我想把這款我在德國製作的麵包跟大家分享，大家在聖誕節快來臨時也可以動手製作，讓它放個五天再來品嘗它的美味。

材料　份量 1 份

果乾混合物 Mélange des fruites

酒漬果乾 fuits confites	120 g
杏仁粒 amandes	30 g
榛果 noisettes	10 g
牛奶 lait	適量
杏仁膏 pâte d'amandes	（搓成 12cm 長條狀）40 g
澄清奶油 beurre clarifié	（烤後裝飾）100 g

奶油混合餡 Butter mixture

杏仁膏 pâte d'amandes	40 g
奶油 beurre	60 g
細砂糖 sucre	15 g
蛋黃 jaune d'oeuf	12 g
史多倫香料 épice Stollen	（肉桂、豆蔻及香草）5 g
鹽 sel	2 g
檸檬皮絲 zeste de citron	10 g

預備發酵麵糰 Levain

T55 麵粉 farine	50 g
酵母 levure	10 g
牛奶 lait	40g

麵包主體 Pâte de base

預備發酵麵糰 levain	100 g
奶油混合餡 butter mixture	120 g
T55 麵粉 farine	115 g
牛奶 lait	20 g

果乾混合物 Mélange des fruites

事前準備：烤箱使用前 30 分鐘預熱 160℃。

1. 將果乾、杏仁粒、榛果加牛奶蓋過浸泡 20 ～ 30 分鐘。 1

奶油混合餡 Butter mixture

2. 杏仁膏、奶油、細砂糖、鹽、檸檬皮絲打發，加入蛋黃輕打發，加入香料拌勻備用。

預備發酵麵糰 Levain

3. 酵母先與少許溫牛奶融化拌勻，加入麵粉與剩下的牛奶中，用鈎狀攪拌成團，放在室溫發酵 1 小時備用。
   2

麵包主體 Pâte de base

4. 將所有材料放入攪拌缸用鈎狀打至有薄膜，再將除了杏仁膏之外的果乾混合物加入，用慢速攪拌，之後將
   麵糰放入鋼盆發酵 1 小時，做第一次發酵。 3
5. 將第一次發酵麵糰排氣滾圓，蓋上濕布發酵 20 分鐘。
6. 第二次發酵完成，擀成 12×16cm 長條狀，在 1/3 處放上長條杏仁膏，再以三折方式包起，然後在兩邊用
   擀麵棍往下壓。 4 5
7. 將麵糰移到烤盤上，用濕布蓋上發酵 20 分鐘，再放入烤箱以 180℃烤約 20 ～ 25 分鐘。
8. 烤好後趁熱刷上澄清奶油，冷卻後撒上防潮糖粉即完成。 6

> 用保鮮膜包起來，隔天即可食用，最好是封起來三天後食用最美味。

甘邑香橙可麗餅
Crêpes Suzette

在法國一月份流行吃國王餅，二月份流行製做與享用可麗餅，通常在會嘉年華會的最後一天（Mardi gras 懺悔節），復活節的前四十七天，自己煎可麗餅來食用，並在煎的時侯，許下願望，據說只要在拿著平底鍋的那一手裡握著一枚銅板，及可以甩鍋翻好可麗餅，那麼你的願望就會實現並且帶來好運。

工具 平底鍋或可麗餅煎盤　　**材料** 份量 10 片

香橙甘邑奶油醬 beurre d'orange

細砂糖 sucre	80 g
柳橙 orange	3 顆
黃檸檬 citron jaune	1 顆
奶油 beurre	50 g
甘邑橙酒 Grand Marnier	50 g

可麗餅麵糊 appareil à crêpes

T55 麵粉 farine T55	100 g
鹽 sel	2 g
細砂糖 sucre	25 g
全蛋 oeufs entiers	2 個
牛奶 lait	250 g
奶油 beurre	(融化)25 g
甘邑橙酒 Grand Marnier	50 g

可麗餅麵糊 appareil à crêpes

1. 麵粉、鹽、細砂糖用打蛋器拌勻，加入全蛋拌勻，牛奶分次加入，再加入融化奶油，最後加甘邑橙酒全部伴勻，放入冷藏靜置一晚。1

2. 已靜置過可麗餅麵糊從冷藏取出攪拌均勻，將平底鍋用小火加熱抹上一層薄薄奶油，倒一大匙可麗餅麵糊在平底鍋上，迅速繞一圈成一大片圓型，用抹刀在麵皮一角掀起來看是否上色，如上色就可以翻面煎到兩面上色即可倒到大圓盤上備用。2 3 4

香橙甘邑奶油醬 beurre d'orange

3. 橘子和黃檸檬分別刨皮絲、榨汁。

4. 細砂糖煮焦化，加入橙汁及橙皮絲煮至焦糖融化並將液體濃縮至一半，加入奶油煮至融化備用。5

組合 Montage

5. 倒些香橙甘邑奶油醬在鍋中加熱，倒入少許甘邑橙酒一起加熱。

6. 將可麗餅折成 1/4（對折兩次）呈盤，倒上些許醬汁，取幾片香橙擺盤裝飾即完成。6

異國芙蘭塔
Flan Exotique

這款甜點在 187 巷的法式甜點成立時，就已經是開班授課的品項之一，只是當時台灣並不流行，在巴黎幾乎可說是上課必學的甜點之一。有些在地的麵包店也會販售，其實做法並不難，使用基本塔皮加入卡士達烤焙，但也不要覺得簡單就是好做，必須思考如何突顯卡士達本身的味道，烘烤過程也不能過乾，還要讓卡士達吃起來甜而不膩，每一個環節的步驟都很重要。

加上我很喜歡台灣的百香果，因此將卡士達做成百香果口味，其實芙蘭塔也可以做出其它不同的味道，除了原本的香草卡士達，還有例如巧克力、蘋果、鳳梨等等也很適合。把這款百香果口味的芙蘭塔完成後，也很鼓勵大家練習製作其他的口味。

工具 直徑 18cm × 高 3cm 塔圈 1 個

材料 份量 1 個

塔皮 Pâte à foncer

T55 麵粉 farine Type 55	125 g
奶油 beurre	（切丁）95 g
鹽 sel	3 g
水 eau	20 g

內餡 Crème à flan

牛奶 lait	300 g
百香果果泥 purée fruit de la passion	55 g
香草莢 gousse de vanille	1 支
細砂糖 sucre	75 g
蛋黃 jaune d'oeuf	45 g
T55 麵粉 farine	15 g
玉米澱粉 fécule	15 g

塔皮 Pâte à foncer

事前準備：烤箱使用前 30 分鐘預熱 180°C。

1. 將麵粉 T55、鹽、丁塊奶油放入鋼盆搓成砂粒狀，加入水拌成團，將成團麵糰放在桌上往前分次推均勻，冷藏靜置至少 1 小時冰到有點硬度，最好是冷藏靜置 8 小時。**1**

2. 將麵糰取出擀成 22cm 大的圓型，鋪入 18cm 塔圈，側邊貼緊，切除上緣多餘部分並放入冰箱冷凍靜置 20 分鐘。**2**

3. 塔皮內鋪上烘焙紙，放上烘焙石或紅豆、綠豆，放進預熱烤箱以 180°C 烤 20 分鐘，去除烘焙石，刷上額外蛋黃備用。**3**

內餡 Crème à flan

4. 牛奶、百香果果泥、香草莢和刮出的香草籽加熱至 80°C；細砂糖和蛋黃打微發白後，再加入麵粉和玉米粉。

5. 將做法 4 牛奶倒入蛋黃鍋混合；再過篩回鍋煮至中心沸騰冒泡再多煮 30 秒，離火加入奶油拌勻，隔冰塊鍋迅速攪拌降溫，倒入半烤好的塔殼中。**4**

6. 放入烤箱以 180°C 烤 40 ～ 50 分鐘即可取出冷卻，依喜好撒上糖粉即完成。**5 6**

香料麵包
Pain d'Épices

香料麵包或稱香料蛋糕，是法國聖誕節的應景糕點，聖誕節時在法國超市都可以看得到，現在不是只有聖誕節，平常也可以買得到了！它是一種口感介於蛋糕和麵包之間的糕點，是法國東北部阿爾薩斯（法國與德國邊境的地區）的傳統糕點，以大量蜂蜜、稞麥粉和各種香料做成。

據說最早的起源於中國的一種（叫做 MI-KONG 的糕點）蜂蜜麵包，但也有人說是十字軍東征時傳入德國和法國。其實在歐洲各國也都有屬於自己的香料麵包，在法國第戎（Dijon）也有自己的香料麵包，曾在拿破崙時期名聲大勝阿爾薩斯。不管如何，有機會到歐洲或法國一定要品嘗看看！

工具　18×8×8cm 水果條模 1 個　　　　**材料**　份量 1 份

塔皮 Pâte à foncer

蜂蜜 miel	100 g
裸麥麵粉 farine de seigle	65 g
T45 麵粉 farine	165 g
泡打粉 levure chimique	7 g
細砂糖 sucre semoule	20 g
牛奶 lait entier	50 g
全蛋 œufs entiers	65 g
肉桂粉 rase cannelle	1/2 小匙
小荳蔻粉 rase muscade	1/4 小匙
八角粉 rase anis	1/4 小匙
香草精 vanille liquid	2 g
糖漬橙皮 orange confite　　　（切丁）	60 g
檸檬皮絲 citrons zestés	3 g
橙皮絲 oranges zestés	8 g

裝飾 Finition

杏桃鏡面果膠	適量
八角 anis	1 粒
肉桂棒 bâton cannelle	1 支
香草莢 gousse de vanille	1 支

塔皮 Pâte à foncer

事前準備：烤箱使用前 30 分鐘預熱 170° C。

1. 過篩麵粉、泡打粉；另外將蜂蜜和牛奶加熱至蜂蜜溶解，稍微降溫至 40°C。**1**

2. 混合全蛋和糖輕輕打發至微白，加入麵粉和泡打粉、香料、檸檬皮絲和橙皮絲，慢慢加入溫的牛奶和蜂拌勻，最後加入糖漬橙皮丁拌合，裝入擠花袋。**2** **3**

3. 烤模內鋪好烘焙紙，擠入麵糊，放進烤箱以 170°C 烤約 30 分鐘，取出脫模冷卻。**4** **5** **6**

4. 用杏桃果膠加 1：1 的水煮沸塗在香料麵包表面，再用八角、肉桂棒、香草莢裝飾即可。

提拉米蘇
Tiramisu

這是一款以乳酪與咖啡結合的甜點，蛋糕沾滿了咖啡酒糖液，製造濕潤口感，而炸彈麵糊加入新鮮的瑪斯卡邦乳酪，讓口感滑順，忍不住一口接一口，才會有「帶我走」的感覺。

在二戰期間，義大利兵即將赴戰場，妻子將家中所剩的蛋糕，乳酪搭配咖啡做成甜點，讓丈夫吃了很懷念，有種很想帶我走的感覺，因此就以「Tiramisu」為名。但其實「Tiramisu」，在含意裡有「呼換我，讓我打起精神」的意思，因為其中含有濃縮咖啡，具有提神作用；豐富、濃郁的乳酪和表面撒滿可可粉，讓人精神充沛。

工具　40×30×1cm 矽膠烤模、
　　　　直徑 18× 高 5cm 圓形慕斯圈、透明圍邊

材料　份量 1 份

杏仁蛋糕體 Biscuit Joconde
（直徑 18cm 圓形 ×2 片）

杏仁粉 amandes en poudre	（切丁）	75 g
糖粉 sucre glace		75 g
蛋黃 jaunes d'oeufs		40 g
全蛋 oeufs entiers		65 g
T55 麵粉 farineT55		65 g
蛋白 blanc d'oeuf		115 g
細砂糖 sucre		50 g

咖啡酒糖液

咖啡香甜酒 Liqueur de café	90 g
濃縮咖啡 espresso	38 g

馬斯卡彭慕斯 Mousse en Mascarpone

馬斯卡彭 Mascarpone	180 g
細砂糖 sucre	75 g
水 eau	30 g
蛋黃 jaunes d'oeufs	50 g
打發鮮奶油 crème fouettée	180 g
吉利丁片 gélatine	4.5 g

裝飾 Finition

巧克力脆豆 Perles Volrhona	50 g
可可粉 cacao en poudre	適量

杏仁蛋糕體 Biscuit Joconde

事前準備：麵粉過篩備用；烤箱使用前 30 分鐘預熱 180℃；矽膠烤模內薄塗奶油；咖啡酒糖液材料混和備用。

1. 杏仁粉，糖粉過篩至鋼盆中，加入全蛋及蛋黃用打蛋器攪拌勻。

2. 蛋白放入攪拌缸打發，細砂糖分三次加入，打發至濕性偏硬發泡。

3. 先分 1／2 量至做法 1 蛋黃鍋，以打蛋器由 3 點鐘開始由底部撈起向中心放下，並轉鋼盆，放入 T55 麵粉用橡皮刮刀拌合，加入另外 1／2 蛋白拌合，倒入 40×30cm 矽膠烤模中抹平。1 2

4. 放入烤箱以 180℃烤 15 分鐘，顏色呈金黃色、用手輕拍會回彈及可取出脫模冷卻。

5. 使用 18cm 圈模壓 2 個圓片備用。3

馬斯卡彭慕斯 Mousse en Mascarpone

6. 取一鋼盆將馬斯卡彭以手持打蛋器打軟備用；吉利丁片泡軟後加一點水放入微波爐融化。

7. 蛋黃放入攪拌缸以球狀打發。

8. 細砂糖和水放入鍋中煮至 116℃，緩慢倒入做法 7，加入融化的吉力丁繼續攪拌降溫至 50℃。4

9. 取 1／2 先倒入馬斯卡彭內拌勻後，再倒入剩下的攪拌均勻。5

10. 最後將鮮奶油打至六七分發，加入做法 9 拌勻後，即可放入擠花袋備用。6

組合 Montage

11. 取 1 個 18cm，高 5cm 的慕斯圈，內圈套上透明圍邊紙，
    放入一片 18cm 杏仁蛋糕體於底部，拍上大量咖啡酒
    糖液。 7

12. 將馬斯卡彭慕斯擠至約模型的 1 ／ 3 高，放入一半的
    巧克力脆豆。 8

13. 放上另一片 18cm 的杏仁蛋糕體，拍上大量咖啡酒糖
    液。 9

14. 再擠上適量慕斯於第二片蛋糕體上，撒上最後一半巧
    克力脆豆，再擠上慕斯覆蓋住巧克力抹平，放入冷凍
    約半天。 10 11

15. 取出提拉米蘇，表面均勻撒上可可粉裝飾，即可脫模
    享用。 12

前面是製作直徑 18cm 的圓型提拉米蘇，其實也可以依容器做變化，例如杯子或是盒子，可以先裁切 2 片想製作的模型或杯子可放入的大小蛋糕體，之後用同樣方式依序擠入慕斯、巧克力球、慕斯、蛋糕體、慕斯、巧克力球、慕斯，再放入冰箱冷凍，取出撒可可粉。

187 提拉米蘇杯

先了解使用的容量大小，進而分出慕斯層次份量。187 的提拉米蘇杯使用的是 250ml 的杯子，成品約杯子
2／3 滿，可用以下方式製作：

1. 先裁切 1 片直徑 6cm、1 片直徑 4cm 圓蛋糕體。

2. 將直徑 4cm 蛋糕體沾上咖啡酒糖液，放入杯底，擠上 35g 慕斯，再放上少許巧克力球。■1 ■2

3. 取直徑 6cm 蛋糕體沾咖啡酒糖液後，放入慕斯杯中，擠入 25g 慕斯、鋪上巧克力球，蓋上 20g 慕斯，即
   可放入冰箱冷凍，享用前再撒上可可粉。■3 ■4

提拉米蘇變奏曲
Tiramisu d'Été

工具 直徑 16 塔圈、18cm 慕斯圈各 1 個、透明圍邊   **材料** 份量 1 份

杏仁蛋糕體 Biscuit Joconde （Ø18cm 圓形模）

杏仁粉 poudre d'amandes	75 g
糖粉 sucre glace	75 g
全蛋 oeufs entiers	2 個
T55 麵粉 farine T55	20 g
蛋白 blancs d'oeufs	2 個
細砂糖 sucre	15 g
奶油 beurre	15 g

提拉米蘇慕斯 Mousse Tiramisu

馬斯卡彭 Mascarpone	285 g
細砂糖 sucre	85 g
水 eau	25 g
蛋黃 jaunes d'oeuf	45 g
鮮奶油 crème liquide	195 g
吉利丁片 gélatine	8 g

綜合莓果凍 Gelée de Fruits Rouges
(Ø16cm 圓形模)

覆盆子果泥 purée framboise	40 g
草莓果泥 purée fraise	40 g
細砂糖 sucre	65 g
果膠粉 pectin NH	2 g
紅色莓果粒 fruits rouges	100 g
吉力丁片 gélatine	3 g

香草糖水 Sirop de Vanille

30° 糖水 sirop 30°	40 g
水 eau	15 g
香草莢 gousse de vanille	1/4 支

鏡面 Glaçage

水 eau	69 g
細砂糖 sucre	138 g
葡萄糖漿 glucose	138 g
煉乳 lait concentré	92 g
水 eau	55 g
吉力丁粉 gélatine en poudre	8.3 g
白色色粉 QS. Titanium oxide	適量
珍珠色色粉 QS. Pearl Dust	適量

塔皮 Pâte à foncer

事前準備：烤箱使用前 30 分鐘預熱 180℃；
將香草糖水所有材料混和煮沸，放涼備用。

1. 杏仁粉和糖粉過篩到鋼盆中；奶油融化備用；麵粉過篩備用。
2. 杏仁粉、糖粉用打蛋器拌勻，加入全蛋微打發。
3. 打發蛋白與細砂糖，取 1／2 量打發蛋白到做法 2 用打蛋器拌合，加入過篩麵粉用橡皮刮刀拌合，再將剩餘 1／2 量的打發蛋白拌入，最後加入融化奶油拌勻。
4. 預熱烤箱 180℃，將麵糊倒入直徑 18cm 圈模，放入烤箱烤 25～30 分鐘，顏色金黃色即可出爐，放涼冷卻、用小抹刀脫模。
5. 將蛋糕切成 2 片厚度 1cm，再用慕斯圈壓成直徑 16cm 蛋糕片備用。

綜合莓果凍 Gelée de Fruits Rouges (Ø16cm 圓型模)

6. 吉力丁片泡軟備用；取 20g 細砂糖與果膠粉混合備用；直徑 16cm 圈模底部用保鮮膜包住放在平盤上備用。
7. 覆盆子、草莓果泥和剩餘 45g 細砂糖放入鍋中煮至 35℃，將混合好果膠粉和細砂糖加入拌勻，再開火煮沸。
8. 等果泥沸騰加入紅色莓果粒拌合，再加入泡軟吉力丁片拌勻，即可倒入模型放冰箱冷凍備用。

提拉米蘇慕斯 Mousse Tiramisu

9. 吉力丁片泡軟備用；鮮奶油打發至六、七分發備用。
10. 馬斯卡彭乳酪放鋼盆中稍打軟；蛋黃放入攪拌缸中以球狀打發，同時將細砂糖和水煮至 116℃，緩慢倒入打發蛋黃中繼續攪拌。
11. 將泡軟吉力丁片加少許水微波融化倒入做法 10 中攪拌，取 1/2 量至打軟的馬斯卡彭乳酪中拌勻再加入打發鮮奶油拌勻。

鏡面 Glaçage

13. 混合 55g 水及吉利丁粉放入冰箱冷藏為吉力丁塊，加入煉乳在量杯中。

14. 將 138g 細砂糖、水及葡萄糖漿煮至 106°C 後，與吉利丁塊、煉乳用均質機混合均勻，最後加入色素混合均勻。

組合 Montage

15. 將直徑 18cm 圓型慕斯圈底部用保鮮膜包住放在平盤上，將完成慕斯倒 1 ／ 3 量入模中，放入綜合莓果凍輕壓一下，再放一片直徑 16cm 蛋糕片，拍上香草糖水。

16. 倒入慕斯至模型九分滿，蓋上蛋糕片、拍上糖水，再覆蓋慕斯至與模型平高，放入冰箱冷凍 24 小時備用。

17. 取出慕斯脫模，淋上鏡面 (使用溫度 28°C)，最後以覆盆子及草莓裝飾即可。

CHAPITRE
2

地方傳統
Spécialité Régionale

費南雪
Financier

巴黎 Paris

費南雪（Finacier），法文的意思為「金融家」，另外也稱為「金磚」，是因為外型有如金條的樣子。位於巴黎第二區的證券交易所，是法國最大的證券交易所。

19 世紀在證券所工作的人員非常忙錄，常常忙到連午餐都沒有辦法吃，當時有位叫 Lasnes 的甜點師傅，因此想著如何發明一款方便攜帶，又可以一邊工作一邊享用的糕點，便做出了這款甜點。由於「Finacier」的造型為長條金黃色，很像金條，又是為了金融界人士所發明的糕點，非常討喜，因此就命名為金融家（Finacier），象微財富、有錢人。

此甜點是用大量杏仁粉及煮至有榛果香氣的奶油製作而成，當時也被稱為貴族點心。

工具　費南雪連模、擠花袋

材料　份量約 16 個

蛋糕麵糊 Tigres

杏仁粉 poudre d'amande	70 g
榛果粉 poudre de noisette	30 g
糖粉 sucre glace	170 g
T55 麵粉 farine T55	50 g
蛋白 blanc d'oeuf	150 g
奶油 beurre	120 g
香草莢 gousse de vanille	1 支

事前準備：烤箱使用前 30 分鐘預熱 170℃、將香草莢內的籽刮出備用。

1. 費南雪模型內部刷上薄薄的奶油 (材料外)，冷藏備用。1

2. 先將 120g 奶油煮至焦化，過篩濾除渣渣即爲榛果奶油。2 3

3. 杏仁粉、榛果粉、糖粉、麵粉及香草莢籽用打蛋器拌合，加入蛋白拌勻。

4. 將還有溫度的榛果奶油加入上述麵糊拌勻，裝入擠入花袋。4

5. 將費南雪麵糊擠入模型八分滿。5

6. 以 160 ～ 170℃烤焙約 15 分鐘，上色出爐，脫模冷卻卽可。6

覆盆子費南雪
Financier aux framboises

工具 費南雪連模、擠花袋

材料 份量約 16 個

奶油 beurre	120 g
杏仁粉 poudre d'amande	70 g
榛果粉 poudre de noisette	30 g
糖粉 sucre glace	170 g
T55 麵粉 farine T55	50 g
蛋白 blanc d'oeuf	150 g
覆盆子果泥 purée framboise	20 g
香草莢 gousse de vanille	1 支

事前準備：烤箱預熱 170℃；
費南雪模型內部刷上薄薄的奶油 (材料外) 冷藏備用；
將香草莢內的籽刮出備用。

1. 先將 120g 奶油煮至焦化，過篩濾除渣渣即為榛果奶油。

2. 杏仁粉、榛果粉、糖粉、麵粉及香草莢籽用打蛋器拌合，加入蛋白拌勻、加入覆盆子果泥。

3. 將還有溫度的榛果奶油加入上述麵糊拌勻，裝入擠入花袋。

4. 將費南雪麵糊擠入模型八分滿，每一模可額外放入兩顆覆盆子。

5. 放入烤箱以 160 ～ 170℃烤焙約 15 分鐘，上色出烤箱，脫模冷卻即可。

虎斑蛋糕
Tigre

工具 迷你甜甜圈矽膠模　　**材料** 份量約 20 個

蛋糕麵糊 Tigres

榛果奶油 beurre noisette	70 g
杏仁粉 poudre d'amandes	40 g
細砂糖 sucre semoule	70 g
蛋白 blanc d'oeuf	54 g
T55 麵粉 farine T55	8 g
法芙娜巧克力球 perles Valrhona	15 g

甘納許 Ganache

鮮奶油 crème liquide	45 g
70% 苦甜巧克力 couverture extra bitter	50 g
奶油 beurre	5 g

在法文「Tigre」是老虎的意思，但它材料和做法和費南雪非常相似，只是在麵糊中加入切碎的巧克力，再倒入矽膠模型中烘烤，烤好後再擠入甘納許。其實在法國有很多甜點做法、食材相近，但稍微修改就不可再用原來名字去稱呼，必須改新的名字，因此這款甜點與金融家相似，但加入了切碎巧克力及甘納許，又因為外型與老虎的紋路類似就被稱為「Financier Tigre」，費南雪虎紋蛋糕。

蛋糕麵糊 Tigres

1. 先將 70g 奶油先煮成澄清奶油，繼續煮，浮在上面的白色部份會沈澱產生焦化，熄火過篩濾除渣渣，降溫備用；同時以 170℃預熱烤箱。**1**
2. 杏仁粉、細砂糖混合拌匀，加入 T55 麵粉拌匀，加入蛋白拌合，將上述的榛果奶油慢慢加入拌匀，最後將巧克力球加入拌合。**2** **3**
3. 將上述麵糊裝入擠花袋，擠入小甜甜圈矽膠模型，輕敲整平。**4**
4. 以 170℃烤焙，烤焙約 15 分鐘，表面呈現金黃色即可出爐，脫模冷卻。

甘納許 Ganache

5. 鮮奶油煮沸騰，沖入苦甜巧克力中以螺旋狀方式由中心往外圈畫圓拌到巧克力有光澤度，加入軟化奶油，裝入擠化袋中備用。**5**

組合 Montage

6. 在冷卻的虎斑蛋糕中間，擠入甘納許，再依喜好點上金箔即完成。**6**

瑪德蓮
Madeleines de Commercy

洛林 Lorraine

瑪德蓮蛋糕（Madeleines），來自於法國東北部的洛林大地區，在 1755 年時，波蘭國王，洛林公爵，就是路易十五的岳父，因為某場宴晚宴中，因與甜點師傅大吵一架，甜點師生氣走人，沒有人可以製作甜點，公爵很著急，便有位侍女，自告奮勇製作了她奶奶教她製作的家鄉小點心，最後當然是個 happy ending，公爵吃了非常喜歡，後來公爵女兒嫁給路易十五，也將這道點心帶入宮廷，因此這甜點也成為宮廷點心，又以該侍女的名字「Madeleine」瑪德蓮命名。

另外一個讓瑪德蓮成為法國家喻戶曉的原因是法國作家普魯斯特（Marcel Proust）在追憶似水年華的一書中，詳細描述主角媽媽為他準備了瑪德蓮和熱茶，泡著熱茶的瑪德蓮蛋糕所散發出的氣味讓他喚起了往日記憶，這一段文字不僅讓瑪德蓮紅遍法國，也讓瑪德蓮增加了一種優雅的感覺。

2006 年歐洲日，在歐洲聯盟輪任主席國的奧地利所發起的歐洲咖啡館活動中，將瑪德蓮選為代表法國

的甜食。瑪德蓮蛋糕是一款乳沫類蛋糕，是以麵糊加入奶油、蜂蜜和檸檬皮絲或橘皮絲增加香氣，靜置一晚讓質地均勻乳化，再擠入鐵製貝殼模型中，以高溫短時烤焙，這樣才會產生凸肚臍，有肚臍才是真正的瑪德蓮，不然也只能稱作貝殼造型蛋糕，而且必須注意避免烘烤過久而造成蛋糕口感乾柴。我想起在法國時，在高級餐廳用餐時，店家會準備剛出爐的瑪德蓮，還會問要不要來杯熱茶或咖啡呢，那時法國友人叫我用瑪德蓮沾茶或咖啡享用，真的很特別。剛烤好的瑪德蓮，一定要趁熱享用它，真的很好吃喔！

工具 瑪德蓮連模　　**材料** 約 24 個（大顆）

奶油 beurre	125 g	蜂蜜 miel	20 g
全蛋 oeuf	3 個	T55 麵粉 farineT55	150 g
細砂糖 sucre	130 g	泡打粉 levure chimique	6 g
鹽 sel	1 g	橘子皮絲 zeste d'orange	半顆

事前準備：烤箱使用前 30 分鐘預熱 240°C（專業烤箱 200°C）。

1. 奶油融化並保溫在 38°C，麵粉，泡打粉過篩備用；瑪德蓮模型塗抹上奶油放冰箱冷藏備用。**1**
2. 全蛋放入鋼盆打散、加入細砂糖、鹽及橘子皮絲用打蛋器攪拌至糖融化至微白狀態。**2**
3. 加入蜂蜜至做法 2，加入過篩麵粉泡打粉用橡皮刮刀拌合後，加入奶油拌勻。**3**
4. 麵糊以保鮮膜貼面後，鋼盆表面再封一層保鮮膜，放冰箱冷藏靜置 1 晚。**4**
5. 將靜置完成麵糊裝入擠花袋，擠入模型約八分滿。**5**
6. 將瑪德蓮放入烤箱以 230°C烤約 8 ～ 9 分鐘，取出脫模倒扣冷卻立刻蓋上一條擰乾的溼布保濕即可。**6**

布列塔尼酥餅
Sablé Breton

布列塔尼餅乾 Sablé Breton，是以含鹽奶油製作的圓型餅乾，因地緣性及畜牧盛行而產生的常溫餅乾，也有稱它為「Galette Bretonne」，是一種法國宮廷糕點，源自 19 世紀末法國西北部布列塔尼地區。

布列塔尼位於法國西北部的布列塔尼半島，英吉利海峽與比斯開灣之間。它的首府是雷恩斯（Rennes），有一部份人是高盧的後裔，也有來自大不列顛群島的威爾斯人及康沃爾人的後裔，在法語中的大不列顛就是大布列塔尼，而英語中的布列塔尼就是小不列顛，由此可見這裡的人民與不列顛群島之間的關系密不可分。

這裡也可以由英國常溫餅乾——奶油酥餅與布列塔尼酥餅的相似性，來證實這兩個地方的關係了。

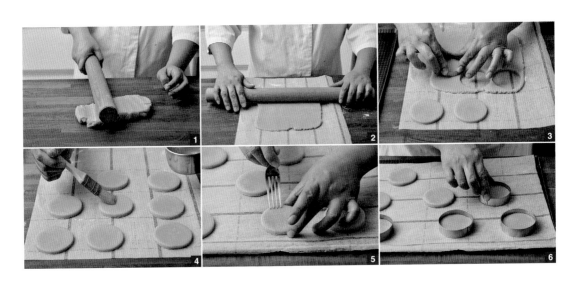

工具　直徑 6cm 圓形圈模　　　**材料**　約 18 ～ 20 片，直徑 6cm

布列塔尼酥餅麵糰 Pâte de Sablé Breton

奶油 beurre	(室溫)	180 g
細砂糖 sucre		160 g
蛋黃 jaunes d'oeufs		4 個
鹽 sel		8 g
T55 麵粉 farineT55		240 g
泡打粉 levure chimique		8 g

咖啡蛋液 Œufs entiers liquides au café

即溶咖啡粉 poudre de café	4 g
熱水 eau chaud	12 g
全蛋 oeuf entier	1 個

事前準備：烤箱預熱 160°C；圓形圈模內側薄塗奶油；將即溶咖啡加熱水拌融化，加入全蛋拌勻，過篩備用。

1. 奶油打軟加入細砂糖、鹽打發，分次加入蛋黃拌勻，加入 T55 麵粉及泡打粉拌成糰，放冰箱冷藏靜置 1 小時。

2. 靜置過的麵糰用擀麵棍敲軟，讓它裡外軟柔度一致。**1**

3. 桌上撒上手粉，擀成厚度 0.5cm，取直徑 6cm 圓型壓圈取每片圓型 6cm，再次放冰箱冷凍約 10 分鐘。**2** **3**

4. 於布列塔尼表面刷一層咖啡蛋液，再次放冰箱冷凍 5 分鐘，再刷一次咖啡蛋液。**4**

5. 拿一支叉子劃十字做紋路，每片套上 6cm 圈模。**5** **6**

6. 預熱烤箱 160°C 烤焙約 15 ～ 20 分鐘，上色即可取出脫模冷卻。

科隆比耶蛋糕
Gâteau Colombier

普羅旺斯 Provence

科隆比耶（Gâteau Colombier），來自於普羅旺斯非常傳統的糕點。這是我在麗池上課時，Chef 說給我們聽的甜點故事，這是一款屬地方性與節慶的甜點，在普羅旺斯五旬節（聖靈降臨日／神聖降臨節）時，人們會製作一種很像海綿蛋糕，但會添加大量杏仁及果乾的糕點，裡頭也有點像國王餅概念，放了一個和平鴿的小瓷偶，可是這裡與國王餅放小瓷偶意義不同的是，得到這個小瓷偶的人，在同一年很快就會找到中意的人並結婚。

工具	18cm 圓形蛋糕模	材料	份量 1 個

杏仁粉 amandes en poudre	90 g	糖漬水果 fruits confits	(切丁) 100 g
糖粉 Sucre glace	90 g	橙皮絲 zestes d'orange	2 g
蛋白 blancs d'oeufs	22 g	糖粉 sucre glace	60 g
T55 麵粉 farine T55	30 g	30 度糖水 sirop 30° C	40 g
奶油 beurre	60 g	橙汁 jus d'ornage	40 g
全蛋 oeufs entiers	3 個	杏仁角 amandes concassées	適量

事前準備：烤箱使用前 30 分鐘預熱 170℃。

1. 先製作杏仁膏，將杏仁粉、糖粉過篩拌勻，加入蛋白拌成膏狀。**1**
2. 麵粉過篩備用，奶油融化保持溫度備用，蛋糕模型刷上奶油，底部放上烘焙紙及側邊圍邊備用。**2**
3. 將杏仁膏放入攪拌缸，分次加入全蛋，充滿打發再加下一個蛋，不要一次全加完，接著加入過篩麵粉用橡皮刮刀拌合，之後再加入融化奶油拌勻。
4. 將切丁的糖漬水果與橙皮絲拌入麵糊中，倒入模型。**3** **4**
5. 放入烤箱以 160 ～ 170℃烤焙，約 45 ～ 50 分鐘，上色即可出爐，冷卻。
6. 製作鏡面，將糖粉、30 度糖水與橙汁放入鍋中加熱至 40℃，淋在蛋糕體上。
7. 表面上撒上少許杏仁角粒，再次進入烤箱 170℃烤焙 2 ～ 3 分鐘，表面乾掉即可取出。**5**

南錫馬卡龍
Macarons de Nancy

南錫 Nancy

南錫馬卡龍（Macarons de Nancy），位於法國東北部南錫（Nancy）的鄉村甜點代表，口感外脆內軟。在法國馬卡龍的定義是由蛋白、杏仁及糖所做製成的餅乾，每個地方都有屬自己的傳統馬卡龍。在台灣所看到的漂亮顏色及有裙邊的馬卡龍是屬於巴黎的馬卡龍。

這次介紹的馬卡龍爲南錫馬卡龍，沒有漂亮的顏色和光澤，而且還有裂痕，而這種龜裂表面是製作過程中表面需要沾水的原故所造成的。在法國大革命後，教會的權利因爲被限制、收入出現問題，許多的宗教體系被廢除，教會裡的修士與修女顛沛流離，有兩位修女爲了報答好心的醫生收留她們，便在1792 年開始製作馬卡龍並販賣，後來因爲大受歡迎而流傳至今。而這道南錫馬卡龍最早製作是在 16 世紀，西班牙的加爾默羅會。

工具 擠花袋　　**材料** 份量約 30 片（直徑約 3cm）

馬卡龍 Macarons

細砂糖 A sucre semoule	50 g	細砂糖 B sucre semoule	160 g
水 eau	13 g	蛋白 blanc d'oeuf	50 g
杏仁粉 amandes en poudre	125 g		

事前準備：烤箱使用前 30 分鐘預熱 160℃。

1. 將 50g 細砂糖與水煮至沸騰，加入 160g 細砂糖及杏仁粉拌勻。**1**
2. 慢慢加入蛋白拌成膏狀。**2**
3. 裝入擠花袋中，在矽膠墊上擠約十元硬幣大小。**3**
4. 在麵糊表面噴水，再放入烤箱以 160℃烤約 12 ～ 15 分鐘即可。

做法 4 在麵糊表面噴水，是爲了讓馬卡龍在烤焙過程中產生裂痕。

佛羅倫汀
Florentins

佛羅倫汀 Florentin

工具　22×22 正方型空心模

材料　份量約 21 片，每片 7×3cm

杏仁甜塔皮
Pâte sucrée d'amande

奶油 beurre	200 g
細砂糖 sucre	100 g
鹽 sel	3 g
杏仁粉 poudre d'amande	45 g
T55 麵粉 farine	275 g
全蛋 oeufs entiers	65 g

杏仁牛軋 Nougat

奶油 beurre	85 g
細砂糖 sucre	110 g
蜂蜜 miel	60 g
葡萄糖 glucose	55 g
鮮奶油 crème fleurette	135 g
酸奶油 crème aigre	10 g
香草莢 gousse de vanille	1/2 支
烤杏仁片 amandes effilées	215 g

佛羅倫汀（Florentins），這款甜點屬於宮廷的小點心，是由義大利梅迪奇家族的女兒，凱撒林梅迪奇因嫁給法王享利二世時，將自己的廚師（Florent）帶到法國來所傳入法國宮廷的點心，當初甜點廚師利用了大量砂糖製成焦糖再加入杏仁鋪放在餅皮上，再進入烤箱烤過，使得餅乾酥脆又帶有太妃焦糖的香氣及杏仁薄片，讓整個組織層次上充滿著濃郁豐富的口感。

杏仁甜塔皮 Pâte sucrée d'amande

事前準備：烤箱使用前 30 分鐘預熱 170℃。

1. 丁塊奶油、細砂糖、鹽、杏仁粉、麵粉放入鋼盆中搓成砂粒狀，加入全蛋拌成團，放入冷藏靜置 1 小時。**1**
2. 桌上撒上少許手粉，將麵糰擀成一張 24×24cm 厚度 0.4cm，再放到烘焙紙上，用 22×22cm 模型壓取塔皮，放入冰箱冷凍冰 10 分鐘。**2**
3. 用叉子戳洞後放入烤盤，再放進烤箱以 170℃烤 15 分鐘，半上色即可取出放桌上備用。**3**

杏仁牛軋 Nougat

4. 奶油，細砂糖，蜂蜜，葡萄糖漿煮融化，加入鮮奶油和酸奶油、香草莢煮沸騰，再加入已烤過的杏仁片，再拌炒至汁液減少，稍微濃稠即可。**4**
5. 將煮好杏仁牛軋放入鋼盆，盡量取料，不要液體；再將杏仁牛軋抹平於半上色的甜塔皮上，再放進烤箱以 170℃烤約 10 分鐘，上色即出爐。**5**
6. 稍微降溫，切成每片 3×7cm。**6**

可麗露
Cannelés Bordelais

波爾多 Bordeaux

可麗露（Cannelés），「天使之鈴」，是在 18 世紀波爾多由修道院傳出來的甜點。大家也都知道可麗露來自波爾多這個產葡萄酒的地方，相傳當初過濾葡萄酒需使用大量蛋白，剩下的蛋黃無處可用，最後送給了修道院一對姐妹，經過她們利用蛋黃與麵粉的結合創造出這款點心。早期稱爲「canaules」或「canaulets」，因爲大受歡迎，當時在做這道甜點的師人傅們還組織了一個公會，後來食譜多次改良，最後添加了砂糖和牛奶，到了 1785 年這個組織已經有 39 位成員。它也曾經失寵過，直到二十世紀有位甜點師傅爲了推廣可麗露的古老食譜，在麵糊中加入了大量蘭姆酒和香草，並使用了有凹槽的模型製作，讓這款點心再度受到大眾的喜愛。

工具　可麗露模型　　　　　　　　**材料**　份量 18 〜 20 個

牛奶 lait	750 g	細砂糖 sucre	375 g
全蛋 oeufs entiers	3 個	香草莢 gousse de vanille	1 支
蛋黃 jaunes d'oeufs	3 個	奶油 beurre	60 g
T55 麵粉 farine	150 g	蘭姆酒 Rhum	75 g

事前準備：混合奶油和蜂蜜（半軟質奶油 100g：蜂蜜 2g），
塗抹於可麗露模型內放入冰箱冷藏備用；烤箱使用前 30 分鐘預熱 210℃。

1. 牛奶、香草莢、奶油放入鍋中煮沸騰，降溫至 70℃備用。**1**

2. 麵粉；細砂糖用打蛋器混合拌匀，加入全蛋和蛋黃拌匀。**2**

3. 加入 70℃牛奶拌匀，最後加入蘭姆酒過篩降溫，液體表面用保鮮膜貼面，在容器上再封一層保鮮膜放入冰箱冷藏靜置 24 小時。**3** **4**

4. 將前晚靜置的可麗露液體取出攪拌靜置回溫，取出可麗露模型，倒入可麗露液體至模型 9 分滿，排入烤盤上。**5**

5. 將可麗露放進烤箱，將烤溫轉為 190℃烤 50 〜 60 分鐘，即可取出脫模放於涼架上冷卻。**6**

瑞士恩加丁核桃塔
Engadiner Nusstorte

瑞士恩加丁 Engadin

工具　直徑 18× 高 3cm 圓型塔模　　**材料**　份量 1 個

杏仁酥塔皮 Pâte sablée aux amandes

奶油 beurre	120 g	鹽 sel	1.5 g	杏仁粉 amandes en poudre	25 g
細砂糖 sucre	60 g	T55 麵粉 farine	160 g	全蛋 oeufs entiers	40 g

核桃無花果牛軋 Nougat aux noisettes et figues

乾燥無花果 fiques sèches	(切丁) 80 g	奶油 beurre	90 g
杏桃果乾 abricos sèches	(切丁) 30 g	細砂糖 sucre	200 g
蜂蜜 miel	20 g	鹽 sel	1 g
葡萄糖漿 glucose	20 g	水 eau	30 g
鮮奶油 crème liquide	80 g	核桃 noix	200 g
香草莢 gousse de vanille	1/2 支	全蛋液 oeufs entiers liquides	(烤前裝飾) 25 g

瑞士恩加丁核桃塔（Engadiner Nusstorte）來自瑞士的一個小鎮，19 世紀這款甜點便在鄉間存在，因為這個小鎮以產核桃及精緻的糖果為名。這款甜點是秋天採收核桃時所製作的，內餡是將砂糖焦糖化後加入奶油、鮮奶油，拌入大量核桃及果乾，外面是酥脆塔皮。這款甜點曾在 1934 年的巴基爾樣品博覽會上販售，讓人忍不住一塊接一塊。而我在學習甜點時，曾在台灣第一次製作，但當時覺得沒想像中的好吃，就忘了這款甜點，在有次瑞士旅行途中吃到，才驚覺怎麼如此美味啊！後來回到學校和 Chef 討論，才知道我曾經在台灣學習時做過，我便重新調整成我喜歡的味道，後來送給朋友享用，大家也非常的喜愛呢！

杏仁酥塔皮 Pâte sablée aux amandes

事前準備：烤箱使用前 30 分鐘預熱 160°C。

1. 麵粉 T55、杏仁粉、丁塊奶油、鹽、細砂糖放入鋼盆搓成砂粒狀，加入全蛋成團，取出麵糰放在桌上做均質動作，將麵糰一點一點分次往前推均勻；此動作做兩次，放入冷藏靜置至少 1 小時，最好靜置 8 小時。
2. 取出麵糰分成 2 份，擀成圓型直徑約 22cm，將其中一片鋪入 18cm 塔圈，切除多餘塔皮，放入冰箱冷凍 5 ～ 10 分鐘後，放入烤箱以 160°C烤焙 15 分鐘，取出冷卻備用。▮1▮

核桃無花果牛軋 Nougat aux noisettes et figues

3. 核桃先以 160°C烤焙約 12 ～ 15 分，取出冷卻剝小塊備用。
4. 鮮奶油、香草莢和奶油煮沸騰。
5. 同時將蜂蜜、葡萄糖漿、細砂糖、鹽及水煮成焦糖，此時需注意當糖水開始變色時就熄火等待變成琥珀色。
6. 當糖水變成琥珀色時，將另一鍋鮮奶油液體分 2 ～ 3 次加入焦糖中拌合，此時須注意鮮奶油液體須很熱，倒入時不要馬上攪拌，先等 3 秒再拌均，即為太妃牛奶糖。▮2▮
7. 最後加入無花果丁及烘焙核桃丁拌勻，再倒入鋼盆攪拌降溫。▮3▮

組合 Montage

8. 將烤過塔圈餅乾取出，將內餡倒入套著塔圈的餅乾中抹平，放冰箱冷藏稍微冷卻。▮4▮
9. 取出另一片圓型塔皮，在塔圈上邊緣黏接處刷上蛋液，再覆蓋上圓型塔皮，以刮刀沿著邊緣切除多餘塔皮，並於塔皮表面刷上蛋液，再次送入冰箱冷凍 5 分鐘。▮5▮
10. 塔皮表面再刷一次蛋液，用叉子刮出線條紋路，放入烤箱以 160°C烤焙約 30 分鐘至表面金黃即可。▮6▮

巴斯克櫻桃派
Gâteau Basque aux Cerises Noires

庇里牛斯 Pyrénées

庇里牛斯山巴斯克蛋糕（Gâteau Basque）原本是以豬油與玉米粉混合製作，沒有內餡的糕點。在十八世紀開始加入採收的水果當內餡，一直到十九世紀之後，才開始出現中間卡士達與果醬兩種夾餡巴斯克，這是在巴斯克內陸的康博萊班（Cambo-les-Bains）當地的糕點店傳承出來的。巴斯克曾經是一個獨立的國家，有自己的文化與語言（巴斯克語），這款蛋糕在巴斯克語稱為「Biskotxa」或「Bixkoxa」，蛋糕表面會畫上格紋或稱為「Lauburu」的巴斯克十字架，展現巴斯克的地方傳統性。「Lauburu」代表火、大地、空氣和水，也象徵著「永恆」、「愛」、與「和平」。

工具　直徑 18× 高 3cm 圓型塔模　　**材料**　份量 1 個

塔皮 Pâte sablée

T55 麵粉 farine	175 g
鹽 sel	2 g
泡打粉 levure chimique	4 g
香草莢 gousse de vanille	1 支
法國庶糖 Cassonade	150 g
奶油 beurre	125 g
蛋黃 jaune d'oeuf	1 個
全蛋 oeufs eniers	25 g
蘭姆酒 Rhum	5 g

卡士達 crème pâtissière

牛奶 lait	200 g
香草莢 gousses de vanilla	1/2 支
細砂糖 sucre	40 g
蛋黃 jaunes d'oeuf	40 g
玉米粉 poudre à flan	10 g
T55 麵粉 farine	10 g
奶油 beurre	20 g

果醬 confiture

冷凍或新鮮櫻桃 cerises	350 g
細砂糖 sucre	70 g
細砂糖 sucre	30 g
果膠粉 pectin NH	3 g
檸檬汁 jus de citron	5 g

塔皮麵糰 Pâte sablée

事前準備：烤箱使用前 30 分鐘預熱 170°C。

1. 麵粉、鹽、泡打粉、香草籽、法國蔗糖、丁塊奶油搓成
   沙狀。
2. 加入蛋黃和全蛋及蘭姆酒拌成團後，將麵糰取出以掌心
   往前推均質均勻，用保鮮膜包覆放入冷藏靜置約 1～1.5
   小時，最好是隔夜。**1**
3. 取出塔皮分成 2 份，擀成 0.3cm 厚度及 22cm 圓片，
   取一片放入 18cm 模型內，緊密貼緊，先放入冷凍；另
   一片擀好的圓塔皮放冰箱冷藏備用。**2**

卡士達 crème pâtissière

4. 牛奶、香草莢加熱至 80°C；細砂糖和蛋黃打至顏色稍
   微發白後，加入麵粉和玉米粉。
5. 將煮至 80°C 的牛奶倒入蛋黃鍋混合；然後過篩回鍋煮
   至中心沸騰冒泡再多煮 20 秒離火加入奶油拌勻，倒入
   新鋼盆中隔冰塊鍋迅速降溫，使用保鮮膜於卡士達表面
   貼面，放冰箱冷藏備用。**3 4**

果醬 confiture

6. 櫻桃去籽對切半；30g 細砂糖與果膠粉混合備用。
7. 將切好櫻桃與 70g 細砂糖放入鍋中煮至 35°C，加入已
   混合的細砂糖與果膠粉拌勻，繼續以中小火煮至濃稠後
   加入檸檬汁即完成。**5 6**

組合 Montage

8. 將套著塔圈的冷凍塔皮取出，底部擠入一層卡士達，放入櫻桃果醬，再擠上一層卡士達（高度約塔皮八分滿），放入冰箱冷凍稍微冰一下。 **7** **8** **9**

9. 在冷凍的塔皮邊緣刷上少許蛋液，蓋上另一片冷藏塔皮，用刮板切除多餘塔皮。 **10** **11**

10. 表面刷一層薄薄蛋液，先放冷藏稍微冰硬度但還是有軟度的狀態，之後再刷上一層蛋液，以刀子先畫一個十字，再依序畫出葉形即可。 **12**

11. 放入烤箱以 170°C 烤 40 ～ 50 分鐘，以呈現金黃色即可取出冷卻、脫模。

藍莓巴斯克
Gâteau Basque aux Myrtille

工具 直徑 18cm× 高 3cm 塔模　　　**材料** 份量 1 個

塔皮 pâte sablée

t55 麵粉 farine	175 g
鹽 sel	2 g
泡打粉 levure chimique	4 g
香草莢 gousse de vanille	1 支
細砂糖 sucre	150 g
蛋黃 jaune d'oeuf	1 個
全蛋 oeuf entier	25 g
奶油 beurre	(切丁) 125 g
蘭姆酒 rhum	少許
全蛋 oeuf entier	(烤前裝飾) 少許

杏仁奶油餡 Crème d'amande

全蛋 oeufs entiers	75 g
奶油 beurre	75 g
細砂糖 sucre	75 g
杏仁粉 poudre d'amande	75 g

藍莓果醬 Marmelade de Myrtille

藍莓 myrtilles sauvages	100 g
藍莓果泥 purée de myrtilles	100 g
細砂糖 Sucre	33 g
果膠粉 pectin NH	3.3 g
新鮮藍莓 myrtilles fraîches	(組合用) 20 ～ 30 顆

塔皮 Pâte sablée

事前準備：烤箱使用前 30 分鐘預熱 170℃。

1. 麵粉、鹽、泡打粉、香草莢、細砂糖、丁塊奶油搓成砂粒狀，加入蛋黃和全蛋拌成團，再加入蘭姆酒拌合，放入冷藏至少一小時，最好 8 小時。
2. 取出塔皮分成兩份，擀成直徑約 22cm 厚度 0.3mm 圓片，取一片鋪入 18cm 塔圈，側邊緊密貼緊後，和另一片擀好的塔皮放冰箱冷凍備用。

杏仁奶油餡 Crème d'amande

3. 用槳狀將奶油、細砂糖還有杏仁粉打發約 10 鐘，加入蛋液後繼續打發 2 ～ 3 分鐘，裝入擠花袋備用。

藍莓果醬 Marmelade de Myrtille

4. 加熱藍莓和果泥至 35℃，加入混合好的細砂糖和果膠粉，煮到濃稠冷卻備用。

組合 Montage

5. 把入好塔圈的塔皮取出，擠入杏仁奶油餡，再擠入藍莓果醬，放入新鮮藍莓，先在塔皮邊緣刷上一圈蛋液，再鋪蓋上另一片 22cm 圓片塔皮，去除多餘塔皮。
6. 在塔皮表面刷上一層薄蛋液，放入冷凍 5 分鐘，取出再刷一次蛋液，用叉子劃上圖紋，再用竹籤叉幾個小洞。
7. 以預熱 170℃烤焙約 40 ～ 45 分鐘，上色即可取出冷卻脫模。

林茲塔
Linzertorte

奧地利林茲 Linz

工具 直徑 18× 高 3cm 菊花派盤

材料 份量 1 個

覆盆子果醬
Compotée de framboise

新鮮或冷凍覆盆子 framboise	300 g
細砂糖 sucre	180 g
檸檬汁 jus de citron	15 g

林茲塔麵糊 Pâte de Linzertorte

奶油 Beurre	90 g
細砂糖 Sucre	90 g
全蛋 oeuf entier	2 個
T55 麵粉 farine	150 g
杏仁粉 poudre d'amande	130 g
肉桂粉 cannelle	3 g
榛果粉 poudre noisette	3 g
蛋糕粉 poudre de biscute	25 g

林茲塔（Linzertorte），世界上最古老的甜點。起源於奧地利的林茲市，在 1653 年就有林茲塔做法的記載。爲什麼稱之林茲塔呢！是由住在林茲市的 Johann Konrad Vogel 的甜點師製作，也因爲林茲塔讓林茲市聲名大噪也風靡全世界，林茲塔是用堅果、蛋糕粉、麵粉、肉桂粉做成派皮，加上手工熬煮的覆盆子果醬當內餡，表面大都是編織網狀的圖案，現在林茲塔在奧地利已經是家家戶戶都會製作的食譜了，甚至在法國也很多家庭及甜點店都會製作。

覆盆子果醬 Compotée de framboise

1. 將覆盆子、細砂糖放入鍋中煮沸，轉中小火繼續煮到濃稠，熄火加入檸檬汁拌勻，冷卻備用。**1** **2**

林茲塔麵糊 Pâte de Linzertorte   事前準備：烤箱使用前 30 分鐘預熱 170°C。

2. 奶油打軟加入細砂糖打發，全蛋打散分 4～5 次加入，每次加入時，須充份打發再加入，最後將所有的粉類加入拌勻，再裝入放有星星花嘴的擠花袋備用。

組合 Montage

3. 在 18cm 菊花派盤底中間擠上林茲塔麵糊，以螺旋狀方式由中心往外圈擠，稍微抹平。**3**
4. 另外派盤側緣再擠一圈，讓麵糊形成一個凹洞，之後將覆盆子果醬倒入抹平。**4**
5. 在派盤上方的中心點擠上一條麵糊，以棋格方式在左右兩邊各擠 2 條。
6. 接著由上方的第一條的頂端連接至下面第一條的頂端，接著在左右兩邊各擠兩條，成爲格子狀。**5** **6**
7. 放入烤箱以 170°C烤焙約 20 分鐘，即可取出冷卻脫模。

> 蛋糕粉是將剩下蛋糕體，例如剩下的杏仁蛋糕或海綿蛋糕打成粉，再用以烤箱 120°C烤 3～5 分鐘出爐即爲蛋糕粉。

諾曼地蘋果塔
Tarte Normande aux Pommes

諾曼地 Normandie

諾曼地蘋果塔（Tarte Normande），一款地方性的特色甜點，起源於 19 世紀，諾曼地位於法國西北部，一個以畜牧業爲主的區域，獨特的地理環境下，孕育了農產品及乳製品，還有聞名世界的蘋果和蘋果酒（Calvados）及（Cidre），都是當地的特產，也因此產生了諾曼地蘋果塔，利用蘋果加奶油煎成黃金色排入甜塔皮內，加入阿帕芮爾蛋奶油（appareil）去烘烤，出爐淋上少許蘋果酒及在蘋果上刷上少許融化奶油，那蘋果及奶油香氣讓人十指大動，你就可以想像！宛如在諾曼地蘋果採收的季節裡是家家戶戶都會端出在桌上的甜點，是如此的美味和農村的感覺啊！

工具 　直徑 18cm 菊花塔模

材料 　份量 1 個

酥塔皮 Pâte sablée

T55 麵粉 farine	175 g
杏仁粉 amande en poudre	25 g
糖粉 sucre glace	70 g
鹽 sel	1 g
奶油 beurre	90 g
全蛋 oeufs entiers	35 g

Pommes caramélisées 焦糖蘋果

蘋果 pommes	3 個
奶油 beurre	50 g
細砂糖 sucre	50 g
蘋果酒 Calvados	50 g

Appareil 蛋奶液

全蛋 oeufs	75 g
細砂糖 sucre	45 g
杏仁粉 amande en poudre	7 g
鮮奶油 crème liquide	35 g
蘋果酒 Calvados	7 g
奶油 beurre	（隔水融化）35 g

酥塔皮 Pâte sablée

事前準備：烤箱使用前 30 分鐘預熱 170℃。

1. 麵粉、杏仁粉、糖粉、鹽、切丁奶油放入鋼盆搓成砂狀，加入全蛋液拌成糰，在桌上進行均質動作，在將由麵糰最前方往前一點一點推勻，此動作共二次，完成後用保鮮膜包覆壓平，放冷藏靜置至少 1 小時，最好是 8 小時。

焦糖蘋果 Pommes caramélisées

2. 蘋果去皮去籽，切 8 辦新月形狀。
3. 奶油，細砂糖放入平底鍋融化，加入新月形蘋果以煎方式進行，等蘋果表面煎到有點上色即可加入蘋果酒，取出蘋果備用。1 2

蛋奶液 Appareil

4. 全蛋打散加入細砂糖拌勻，加入杏仁粉拌勻，再加入鮮奶油及融化奶油，最後加入蘋果酒全部拌勻備用即可。3

組合 Montage

5. 取出冷藏的塔皮，塔皮先用擀麵棍敲軟使其柔軟度內外一致，桌上撒上手粉擀成直徑 22cm、厚度約 0.3cm 圓型塔皮，鋪到菊花塔模內，側邊緊貼，去除上緣突出部份、整理邊緣至比塔圈高 0.5cm，放入冰箱冷凍冰硬。4
6. 將冰硬塔皮取出，將蘋果排入塔模內滿，隨時注意塔皮是否軟掉，如變軟再放入冰箱冷凍冰硬，再取出倒入蛋奶液至塔皮九分滿。5
7. 放入烤箱，以 180℃烤焙約 30 ～ 40 分鐘，表面及塔皮呈現金黃色即可取出。
8. 趁熱在蘋果表面刷少許奶油和蘋果酒，冷卻再撒上少許防潮糖粉即完成。6

洛林鹹派
Quiche Lorraine

洛林 Lorraine

這道平民樸實的料理是怎麼來的呢？如果知道地理位置，洛林區在法國北部，北邊的緊靠著比利時、盧森堡和德國。「Quiche」這個字據說是從德文「Kuchen」轉變來的，有糕點的意思，洛林區曾經屬於德國，介於法德兩國交戰處，當時的人爲了溫飽，加上德國肉類及粗礦的飲食文化，因此使用隨手取得的食材，在派皮上加點肉類、香腸和蛋奶液，經過烘烤就可以食用，也成爲避難時的簡便攜帶食物，雖然外表不起眼，但也成爲洛林省當地人心中的最愛。現在法國人以日常取得的新鮮食材製作，也讓這道料理變成世界喜愛的鹹食料理。

雖然我總愛說鹹派是在清冰箱食材的概念，其實可以有許多變化，因此我在書中也提供 3 種運用不同食材的鹹派配方：普羅旺斯風味鹹派、鴨賞鹹派與培根蘆筍鹹派。

工具　直徑 18× 高 3cm 圓形塔模　　**材料**　份量 1 個

基本塔皮 Pâte brisée

T55 麵粉 farine	125 g
奶油 beurre	（切丁）95 g
鹽 sel	3 g
水 eau	20 g

焦糖洋蔥絲 confit d'oignon

奶油 beurre	30 g
洋蔥 oignon	2 顆
細砂糖 sucre	少許
鹽 sel	少許
白酒 vin blanc	20 g

蛋奶液 Appareil à crème

鮮奶油 crème liquide	150 g
全蛋 oeuf entier	75 g
鹽 sel	2 g
黑胡椒 poivre noir	2 g
豆蔻粉 noix muscade poudre	（自行增減）1-2 g

內餡 Garniture

厚培根肉 lardons fumés	（切條）250 g
橄欖油 huile d'olive	（炒肉用）少許
艾曼塔起司絲 Emmental	50 g

基本塔皮 Pâte brisée

事前準備：烤箱使用前 30 分鐘預熱 180°C

1. 麵粉、鹽、丁塊奶油放入鋼盆搓成砂粒狀，加入水拌成團，將麵糰放在桌上往前分次推均勻，冷藏靜置至少 1 小時冰到有點硬度，最好是冷藏靜置 8 小時。

2. 冷藏靜置麵團用擀麵棍敲軟，桌上撒上手粉，擀成直徑 22cm 厚度、0.3cm 的圓片，鋪入塔圈內，側邊緊密貼緊，去除多餘塔皮，再整理邊緣讓塔皮高於塔圈0.3cm，放冷凍冰硬備用。**1**

3. 鮮奶油加入全蛋中用打蛋器拌勻，以鹽、黑胡椒及豆蔻粉調味增加香氣，過篩為蛋奶液。

4. 製作焦糖洋蔥絲奶油放入平底鍋融化，放入洋蔥絲拌炒至軟、焦糖化，再加入少許糖和鹽，最後加點白酒增加香氣，即可取出備用。**2**

5. 接著炒肉餡培根條用橄欖油炒香上色，取出備用。**3**

6. 取出冷凍的塔殼，底部鋪上焦糖洋蔥絲，再擺上炒過的培根肉，再鋪一層洋蔥絲，注意若塔皮變軟，再放進冰箱冷凍冰 5 ～ 10 分鐘，取出倒入蛋奶液至塔模的九分滿。**4** **5**

7. 放入烤箱以 180°C先烤 20 分鐘左右，待蛋液表面凝固，從烤箱取出在表面撒上艾曼塔起司絲，再放入烤箱烤 20 ～ 25 分鐘，表面及塔皮上色時，取竹籤穿刺若不沾黏，即可取出冷卻脫模。**6**

> · 做法 4 在炒洋蔥的過程中加一點點水，可加速軟化及焦糖化，軟化的洋蔥除了外觀看得出來，吃起來也會有甜味。
> · 做法 3 的鹽、黑胡椒及豆蔻粉都可依個人口味自行調整，但記得起司絲及培根肉也有鹹度的，所以不用放太多。

普羅旺斯鹹派
Quiche Provençale

工具 直徑 18cm× 高 3cm 塔圈　　**材料** 份量約 1 個

冷凍塔皮 pâte brisée	(見 P209) 1 片	牛番茄 tomates		2 顆
蛋奶液 appareil à crème	(見 P148 做法 3) 210 g	櫛瓜 courgettes		1 條
葛瑞爾起司 Gruyère	100 g	圓茄 aubergine		1 條
橄欖油 huile d'olives	10 g	帕馬森起司 Parmigiano		適量
蘿勒 basil	10 g			

事前準備：先準備好塔皮與蛋奶液；烤箱使用前 30 分鐘預熱 180°C

1. 將葛瑞爾起司、橄欖油、蘿勒放調理機裡打成泥狀備用，若打起來太稠可加一點橄欖油。

2. 番茄切每片 0.3cm，櫛瓜每片切 0.3cm，圓茄每片 0.3cm

3. 先用橄欖油分別將櫛瓜、圓茄煎上色，兩面稍微上色過油即可。

4. 取出冷凍塔殼，塔殼內底部抹上一層自製青醬汁，再依序排上番茄、櫛瓜、圓茄、以此類推排滿一層後，再疊一層。

5. 倒入蛋奶液至塔皮的九分滿，放入烤箱以 180°C先烤 20 分鐘，等蛋液凝固，再取出於表面撒上帕馬森起司絲，再烤 15 ～ 20 分鐘，上色即可取出冷卻脫模。

宜蘭鴨賞鹹派
Quiche aux canards fumés de Yilan

工具 直徑 18cm× 高 3cm 塔圈　　**材料** 份量約 1 個

冷凍塔皮 pâte brisée	（見 P209）1 片	米酒 vin de riz		少許
蛋奶液 appareil à crème	（見 P148 做法 3）210 g	味醂 Mirin	（或白醋）少許	
蒜苗 poireau	1 支	香油 huile de sésame		少許
鴨賞 canard salé et séché	220 g	馬札瑞拉起司絲 mozzarella		60 g
細砂糖 sucre	少許			

事前準備：烤箱使用前 30 分鐘預熱 180℃。

1. 蒜苗切斜片、鴨賞切薄片。
2. 將切好蒜苗及鴨賞放入碗內進行調味，因每家製作的鴨賞鹹度不同，必須試味道，加入少許細砂糖、米酒、味醂和香油抓醃一下，試試看味道，如果不會太鹹就可以，以自己喜歡的味道為主調整。
3. 取出已冷凍的塔殼，放入鴨賞內餡，倒入蛋奶液至塔皮九分滿。
4. 放入烤箱 180℃先烤焙約 20 分鐘，蛋奶液表面凝固，取出撒上馬札瑞拉起司絲，再烤約 20 分鐘上色即可取出冷卻脫模。

培根蘆筍鹹派
Quiche aux lards et aux asperges

工具　直徑 18cm × 高 3cm 塔圈　　**材料**　份量約 1 個

冷凍塔皮 pâte brisée	（見 P209）	1 片
蛋奶液 appareil à crème	（見 P148 做法 3）	210 g
中型蘆筍 asperges		約 15 根
培根肉片 lard du porc	（約 340g）	2 包
帕馬森起司絲 Parmigiano		適量

事前準備：烤箱使用前 30 分鐘預熱 180℃

1. 蘆筍洗淨削皮，每根稍微放入模型比對，再用培根肉片從頭捲起備用。

2. 取出塔皮，將每根包有培根肉的蘆筍排放至塔皮內，如塔皮變軟，必須再放入冰箱冷凍冰約 5 ～ 10 分鐘，再取出倒入蛋奶液至塔皮九分滿。

3. 倒入蛋奶液至塔皮的九分滿，放入烤箱以 180℃先烤 20 分鐘，等蛋液凝固，再取出於表面撒滿帕馬森起司絲，再烤 20 ～ 25 分鐘，表面及塔皮上色時，取竹籤穿刺若不沾黏，即可取出冷卻脫模。

CHAPITRE
3

創新甜點
Innovants

覆盆子開心果泡芙
Choux Pistache Framboise

在法國泡芙種類非常多，但每種不同的造型，名稱就不同。以基本的泡芙因外型長得像圓圓的甘藍菜，便取其法文「Chou」來做爲泡芙名稱。這款泡芙便是以不同大小的圓形泡芙，蓋上脆餅烘烤，擠入開心果奶油餡和覆盆子果醬後，中間再夾一片巧克力飾片組合起來的甜點，可愛又好吃！

工具

直徑 3cm 和 5cm 圓形壓模、直徑 1cm 平口花嘴、過濾網篩

材料　份量約 10 組

脆餅 Craquelin

奶油 beurre	85 g
法國紅糖 sucre cassonade	90 g
T55 麵粉 farine	90 g

開心果外交官奶油餡 Crème diplomate pistache

牛奶 lait	330 g
細砂糖 sucre	65 g
蛋黃 jaunes d'oeufs	3 個
麵粉 farine	15 g
玉米澱粉 poudre à flan	15 g
開心果醬 pâte de pistache	50 g
奶油 beurre	20 g
打發鮮奶油 crème fouettée	400 g

裝飾 Finition

方形巧克力飾片 chocolat	10 片
防潮糖粉 sucre glace	適量

泡芙麵糊 Pâte à choux

水 eau	75 g
牛奶 lait	75 g
奶油 beurre	75 g
鹽 sel	1 g
細砂糖 sucre	1 g
T55 麵粉 farine	75 g
全蛋 oeufs entiers	3 個

泡芙麵糊 Pâte à choux

方形巧克力飾片 chocolat	10 片
防潮糖粉 sucre glace	適量

覆盆子果醬 Compotée de framboise

冷凍覆盆子 brisure de framboise	210 g
細砂糖 sucre	95 g
果膠粉 pectin NH	4 g

脆餅 Craquelin

事前準備：烤箱使用前 30 分鐘預熱 170℃；
烤盤放上矽膠墊，用直徑 3cm 及 5cm 沾手粉做記號。

1. 將奶油、法國紅糖、麵粉放入攪拌缸，用槳狀攪拌器拌打成團。

2. 取出麵糰放至烤焙紙上，蓋上另一張烤焙紙，以擀麵棍擀平、擀薄約厚度 0.3cm，放入冰箱冷凍約 1 小時
   冰硬。 **1**

3. 以直徑 3cm、5cm 壓模壓出圓片，放入冰箱冷凍備用。 **2**

泡芙麵糊 Pâte à choux

4. 水、牛奶、奶油、鹽及細砂糖放入雪平鍋中煮沸；在加熱的同時將麵粉過篩備用。

5. 將沸騰液體離火，將已過篩的麵粉加入雪平鍋中拌成團至看不到白色粉粒。

6. 以小火回煮拌炒至鍋底有層薄膜即熄火離開，迅速將麵糊倒入攪拌缸中用慢速將麵糊攪拌稍微降溫。 **3**

7. 然後分次加入蛋液，一次一粒，不需要全加完，必須看麵糊狀態夠不夠稀。

8. 最後以橡皮刮刀刮一大匙至鋼盆上方往下慢慢滑落，看是否呈現倒三角鋸齒狀，再裝入放好圓口花嘴的擠
   花袋中。 **4**

9. 將完成麵糊裝入有圓口花嘴的擠花袋中，在矽膠墊上擠出直徑 3cm、5cm 大小的圓形，表面在蓋上脆餅圓
   片。 **5**

10. 放入烤箱以 160 ~ 170℃烤約 25 ~ 30 分鐘，上色即可取出冷卻備用。 **6**

開心果外交官奶油餡 Crème diplomate pistache

11. 將牛奶、香草莢放入鍋中加熱至80℃;同時將細砂糖和蛋黃打至微發白後,加入開心果醬、麵粉和玉米粉拌勻。

12. 將煮至80℃的香草牛奶倒入做法11混合,然後過濾回鍋煮至中心沸騰冒泡再多煮20秒,離火加入奶油拌勻,再倒入新鋼盆以冰塊鍋迅速降溫,即爲開心果卡士達,表面以保鮮膜貼面,放入冰箱冷藏備用。7 8

13. 將鮮奶油打發後,取出冷卻的開心果卡士達用打蛋器拌軟,將打發鮮奶油分2次加入拌合備用。9

覆盆子果醬 Compotée de framboise

14. 先取40g 細砂糖與果膠粉混合。

15. 覆盆子與剩下55g 細砂糖在鍋中以大火煮至35℃時,加入混合砂糖和果膠粉拌勻,再以中小火繼續煮至濃稠卽可熄火,倒入新鋼盆冷卻再裝入擠花袋備用。

組合 Montage

16. 將大的酥皮泡芙底部挖洞後,先擠入開心果外交官奶油餡,接著擠入覆盆子果醬;小的泡芙底部挖洞後,擠入開心果外交官奶油餡。10 11

17. 在大泡芙表面上點一點奶油餡,放上巧克力飾片,上面再點一點奶油餡,放上小泡芙,於表面撒上防潮糖粉卽完成。12

香頌蘋果
Chaussons aux Pommes

香頌蘋果，其實我都稱它爲蘋果拖鞋，它是將焦糖蘋果內餡以酥皮包成半圓形或三角形再烘烤，在 1630 年間於法國聖卡萊（Saint-Calais）這個地區發明的，因地區形狀像拖鞋就以此命名。據說 1630 年聖卡萊曾發生一場大瘟疫，奪走了許多生命，很多人選擇逃離這座城市，也有人不敢出門。因爲傳染及死亡人數不斷上升，很快的當地人面臨疾病與飢餓的困境，當時這個地區的地主夫人爲了幫助這些困苦的居民們，於是用麵粉和蘋果製做了巨大的蘋果餡餅分送給居民，巧合的是，這個大瘟疫也在這個時侯停止了，後來爲了紀念這場瘟疫及感謝地主夫人，在每年秋收 9 月時都會舉辦蘋果節慶祝。而這款蘋果餡餅經一再的演變修改，最後在 18 世紀被命名爲「Chaussons aux Pommes」。

記得第一次吃到這款蘋果拖鞋是在巴黎的冬天，可能當時走在路上非常寒冷，很想吃東西，突然看到路邊有人在賣蘋果拖鞋，那時還不知道它的名字，我以爲是像我們台灣的韭菜盒，就上前買了一個，心想這名字怎麼這麼好玩，叫蘋果拖鞋。吃了一口後，哇，怎麼這麼好吃啊！後來在麗池上甜點課時也有教到，從此我便愛上這款餡餅，之後在費宏迪 (Ferrandi) 上課時，學校在咖啡廳也放上蘋果拖鞋當早點，有次上課我還偷偷跑去咖啡廳多吃了兩個呢！現在每次去巴黎我都一定會去買這款甜點，回台灣時也曾開過幾堂課與大家分享這個美味的配方。

工具	直徑 12cm 花形壓模
材料	份量約 6 個

千層派皮 Pâte feuilletée

T55 麵粉 farine T55		250 g
鹽 Sel		3 g
水 eau		125 g
奶油 beurre	（切丁）	50 g
奶油 beurre sec	（片狀）	200 g

蘋果內餡 Compoté de pommes

細砂糖 sucre		50 g
奶油 beurre		35 g
中型蘋果 pommes	（切丁）	3 個
香草莢 gousse de vanille		1 支

裝飾 Finition

全蛋	適量
25 度波美糖水	50 g
糖粉	少許

千層派皮 Pâte feuilletée

事前準備：烤箱使用前 30 分鐘預熱 190℃。

1. 依照 P212 頁，提前製作好千層派皮麵糰並放入冰箱冷藏靜置。
2. 進行開皮動作，桌上撒上手粉擀成厚度 0.4 ～ 0.5cm，60x24cm，冷凍冰到有點硬度，之後在派皮上用直徑 12cm 花型圓切模切開，再擀成長橢圓型，再放入冰箱冷凍。 1 2

蘋果醬 Compoté de pommes

3. 蘋果去皮去籽後，切丁；剪張比鍋子大的圓形烘焙紙，中挖約 1cm 的小洞。
4. 細砂糖放入鍋中焦糖化，加入奶油混合，倒入蘋果、香草莢和刮出來的籽，表面蓋上圓型烘焙紙，等約 1 ～ 2 分鐘出水後，翻炒至蘋果吸收焦糖。
5. 蓋上圓型烘焙紙，再等 1 ～ 2 分鐘再翻動蘋果，此時蘋果會大量出水，利用木匙將少量軟爛蘋果搗成泥狀，留些丁塊，盛出冷卻備用。 3

組合 Montage

6. 取一片派皮，放上焦糖蘋果料，在邊緣刷上一層薄蛋液，麵皮對摺，輕壓邊緣封口。 4
7. 將包好蘋果香頌放入烤盤，麵皮表面刷上一層薄蛋液，放入冷藏靜置 30 分鐘。
8. 取出靜置好的蘋果香頌，表面再刷一次蛋液，用小刀在表面劃出葉子花紋，用竹籤叉 2 ～ 3 個小洞，再次放入冷凍 10 分鐘。 5
9. 放入烤箱以 190 ～ 200℃烤 25 ～ 30 分鐘，派皮呈現金黃色即可取出趁熱刷上 25 度波美糖水，冷卻後即可享用。 6

做法 2 如要擀成長度 20cm，厚度必須 0.5cm，如擀成長度 15cm，厚度須 0.4cm；大小可自行決定。
做法 8 派皮表面戳洞可於烤焙時保持空氣流通，派皮才不會爆裂。

LIKA

LIKA 這款甜點是 187 巷的法式甜點最受歡迎的品項之一。會製作這款甜點，是爲了取代另一款甜點——MOMO，因爲 MOMO 是在桃子季節而製作的，因爲桃子季節尾聲，吃過的客人也都很愛 MOMO，爲了延續同樣的產品樣式而製作這款 LIKA，使用了自製覆盆子果醬、法國粉紅玫瑰酒凍，以台灣荔枝做成慕斯取代了 MOMO 的香草慕斯，沒想到創造了另一波熱潮。

工具 250ml 玻璃杯 8 個、24×20cm 平鐵盤 1 個

材料 份量約 250ml 玻璃杯 8 杯

粉紅玫瑰酒凍 Gelée de vin rosé

水 eau	135 g
細砂糖 sucre	70 g
吉力丁（金級）gélatine	9 g
檸檬汁 jus de citron	5 g
粉紅玫瑰酒 miraval provence	135 g

荔枝慕斯 Mousse Litchi

荔枝果泥 purée litchi	175 g
細砂糖 sucre	70 g
吉力丁（銀級）gélatine	5 g
鮮奶油 crème liquide	265 g
荔枝酒 DITA litchi	12g

覆盆子果醬 Compotée de framboise

冷凍覆盆子 framboise	135 g
覆盆子果泥 purée framboise	135 g
細砂糖 sucre	135 g

玫瑰水 Eau de Rose glaçage

鏡面果膠 glaçage miroir	70 g
礦泉水 eau	25 g
玫瑰香精 rose natural aroma(SOSA)	2 g

粉紅玫瑰酒凍 Gelée de vin rosé

事前準備：烤箱使用前 30 分鐘預熱 190℃。

1. 將水、細砂糖，檸檬汁煮沸騰，加入泡軟吉力丁融化，加入粉紅玫瑰酒，降溫，倒入 24×20cm 平盤模型 放入冰箱冷藏。[1]
2. 等果凍冰硬，再拿出來切成小丁，冷藏備用。[2]

覆盆子果醬 Compotée de framboise

3. 全部材料放入鍋中，先以大火煮沸，再轉小火一邊煮一邊攪拌去雜質，煮至濃稠，約減少 至一半量。
4. 使用漏斗，倒入杯中，每杯約 35g，放入冰箱冷凍定型。[3]

荔枝慕斯 Mousse Litchi

5. 吉力丁泡冰水軟化備用；鮮奶油打發至 6 ～ 7 分發備用。
6. 荔枝果泥，細砂糖煮沸，加入泡軟吉力丁拌融化，降溫備用。
7. 加入打發鮮奶油至降溫的荔枝果泥中，再加入荔枝酒拌合，裝入擠花袋。[4]
8. 取出有覆盆子果醬的杯子，擠入 50g 荔枝慕斯，再放入冰箱冷凍定型。[5]

玫瑰水 Eau de Rose glaçage

9. 將玫瑰水所有材料混合備用即可。

組合 Montage

10. 將冷凍慕斯杯取出裝入 50g 粉紅玫瑰酒凍丁。[6]
11. 倒入 10g 玫瑰水，再以玫瑰花瓣做裝飾，放冰箱冷藏 20 分鐘即可食用。

187 百香果
La passion 187

在百香果季節，為了讓蛋糕櫃增加一款季節性的甜點而製作了這道 187 百香果。許多塔類甜點，如果加入水果口味的慕斯搭配，口感會更好，於是「東拼西湊」地完成了一個百香果與芒果風味的慕斯塔，其實也是要告訴大家，大膽去試，把層次味道組合起來再調整，就可以創造出自己的甜點。許多創意甜點就是把自己所學到的加以組合，然後調整再調整，就產生一個新甜點了，這是我教學的想法。永遠都不要只記一道甜點的配方（recipe），把甜點拆成好幾個單獨品項，打散了再重新組合，相信大家可以再創造出更與眾不同的甜點！

工具　直徑 7cm 塔圈、直徑 10cm 圓型切模、直徑 4cm 和 7cm 半圓球矽膠模型

材料　份量 8 個

酥塔皮 Pâte sablée

奶油 beurre	75 g
糖粉 sucre glace	46 g
鹽 sel	1 g
杏仁粉 poudre d'amande	15 g
香草莢 gousse de vanille　(取籽)	1/4 根
T55 麵粉 farine	120 g
全蛋 oeufs entiers	20 g

杏仁奶油餡 Crème d'amandes

奶油 beurre	40 g
糖粉 sucre glace	40 g
杏仁粉 poudre d'amandes	40 g
T55 麵粉 farines	6 g
全蛋 œufs entiers	30 g
百香果酒 vin de fruit de la passion	6 g

芒果內凍 Gelée de mangue

芒果果泥 purée de mangue	100 g
果膠粉 pectin NH	2.6 g
細砂糖 sucre	10 g

百香果甘納許 Ganache montée

鮮奶油 A crème liquide	170 g
百香果果泥 purée de fruit de la passion	75 g
35% 象牙白白巧克力 couverture Ivoiry	90 g
吉利丁塊 masse gélatine　(1:6)	17.5 g
鮮奶油 B crème liquide	170 g

白巧克力香堤 Ganache ivoiry

鮮奶油 A crème liquide	50 g
香草莢 gousse de vanille	1/2 支
吉利丁塊 Masse gélatine	3.6 g
象牙白巧克力 couverture Ivoiry	33 g
鮮奶油 B crème liquide	50 g

百香果淋面 Glaçage fruit de passion

百香果果泥 purée fruit de la passion	300 g
果膠粉 pectin NH	6 g
細砂糖 sucre	30 g
百香果籽 graines de fruit de la passion	少許

裝飾 Finition

椰子粉 poudre noix de coco	適量

酥塔皮 Pâte sablée

事前準備：烤箱使用前 30 分鐘預熱 180℃；塔圈內側薄塗奶油備用。

1. 丁塊奶油、糖粉、鹽、杏仁粉及香草莢籽、麵粉 T55 放入鋼盆搓成砂粒狀，加入全蛋拌成團，取出麵糰放在桌上以掌心將麵糰一點一點分次往前推均勻；此動作做兩次，放入冰箱冷藏靜置至少 1 小時，最好靜置 8 小時。

2. 取出麵糰擀成一片長方型厚度為 0.3 ～ 0.4cm，用直徑 10cm 圓型切模壓出 8 片圓塔皮，鋪入塔圈裡，切除多餘塔皮，再放入冰箱冷凍冰硬。2 3 4

杏仁奶油餡 Crème d'amandes（15g／個）

3. 將奶油打軟，加入糖粉打發，全蛋液分 5 次加入，每次加入蛋液前需將奶油餡充足拌勻再加入，避免油水分離。

4. 加入杏仁粉與麵粉，用橡皮刮刀拌切方式拌勻，最後加入百香果酒拌勻，即可裝入擠花袋。

5. 取出冷凍塔殼，每個塔殼中心以螺旋狀擠入約 15g 杏仁奶油餡，稍整平後放入烤箱以 180℃烤約 20 分鐘，上色即可取出脫模冷卻。5 6

芒果內凍 Gelée de mangue（10g／個）

6. 細砂糖與果膠粉混合備用；取一鍋將芒果果泥加熱至 35℃，加入混合的果膠粉和細砂糖拌勻。

7. 開火煮至沸騰熄火，倒入直徑 4cm 半圓球矽膠模型，放入冰箱冷凍冰硬備用。7

剩下的麵糰重新冷藏冰硬，可以再擀開一次；麵糰擀開時會撒手粉防沾黏，重複使用擀開次數越多，手粉使用越多，麵糰會越來越乾，影響口感，因此每次做好的塔皮麵糰最多使用 2 次。

百香果甘納許 Ganache montée（40g ／個）

8. 先將鮮奶油 A 煮沸，倒入象牙白巧克力和吉力丁塊中均質，再加入百香果汁和鮮奶油 B 均質，放入冰箱冷藏至少 4 小時，最好是隔夜靜置。8

9. 將靜置過的液體放入攪拌缸打發，裝入擠花袋擠入直徑 7cm 半圓球模約 2/3 量，以抹刀由下往上抹至半圓模邊緣。9 10

10. 放入芒果內凍，再擠入甘納許將半圓球模補平，再放入冰箱冷凍一天。11 12

白巧克力香堤 Ganache ivoiry（10g ／個）

11. 將鮮奶油 A 和香草莢籽沸騰，倒入象牙白巧克力和吉力丁塊中均質，再加入鮮奶油 B 均質，冷藏至少 4 小時，最好是隔夜靜置。

12. 將靜置過的甘納許香堤放入攪拌缸打發，裝入擠花袋。

百香果淋面 Glaçage fruit de la passion

13. 果膠粉和細砂糖混合備用；取一鍋將百香果泥加熱到 35℃加入混合的果膠粉和細砂糖拌勻，再煮沸騰，熄火加入百香果籽拌勻，降溫至 40 ～ 45℃即可做淋面使用。13

組合 Montage

14. 將椰子粉倒入平盤裡備用。

15. 將已烤好的杏仁奶油餡塔抹上打發的白巧克力香堤並抹平。14

16. 準備一個烤盤鋪入矽膠墊，放上網架做淋面用。

17. 將冰硬的半圓百香果甘納許脫模放在網架上，以 40 ～ 45℃的百香果淋面迅速淋下。15

18. 用兩支抹刀取下在矽膠墊上化圓去除底部多餘鏡面，再放到做法 15 的塔殼上。16

19. 最後輕輕地在百香果甘納許和塔殼接縫處沾上椰子粉裝飾即完成。

> 使用過的百香果淋面只要沒被其他食材污染到，可重新加熱再使用。

聖馬克
Gâteaux Saint-Marc

傳統的聖馬克是以上下兩層杏仁蛋糕體，中間夾兩層黑白巧克力慕斯及香草慕斯為主，頂部再用炸彈麵糊去炙燒成焦糖色，宛如義大利威尼斯聖馬可廣場旁建築金橘色的屋頂一樣。

我以不同的口味但也是以黑白兩層為主，製作了焦糖慕斯搭配椰子口味的慕斯，一樣維持傳統，使用了杏仁蛋糕體及炸彈麵糊抹在頂部炙燒成焦糖色，但在兩層黑白慕斯相間之處，夾了榛果牛奶巧克力脆片，層次較豐富。大部分的台灣人比較不愛慕斯，也許和早期慕斯做法有關，有些甜點為了讓慕斯離開冰箱不會倒塌，而加了大量的吉力丁，影響了幕斯的口感。其實慕斯是入口即化的，為了讓吃到這款聖馬克的人，不會覺得好像都是在吃慕斯，所以在中間處夾了榛果巧克力脆片，除了綿密、入口即化的口感，還有咀嚼脆口的層次，是帶有點驚喜的層次。

工具　30×40cm 矽膠烤模、19 ×19cm 方形慕斯模

材料　份量 2 條（19×8cm）

杏仁蛋糕體 Biscuit joconde（30x40cm，1 片）

T55 麵粉 farine type 55	30 g
奶油 beurre	20 g
全蛋 oeuf entier	110 g
蛋黃 jaune d'oeuf	60 g
杏仁粉 poudre d'amande	110 g
糖粉 sucre glace	35 g
蛋白 blanc d'oeuf	100 g
細砂糖 sucre	50 g

酒糖液 Sirop

水 eau	35 g
細砂糖 sucre	20 g
干邑酒 Cognac	20 g

榛果巧克力脆片 Praliné feuillantine

40% 巧克力 chocolat 40%	30 g
榛果醬 Praliné	45 g
可可芭芮脆片 feuillantine	35 g

炸蛋麵糊 pâte à bombe

細砂糖 sucre	33 g
水 eau	25 g
蛋黃 jaune d'oeuf	50 g

焦糖慕斯 Mousse au caramel

鮮奶油 A crème liquide	80 g
香草粉 extraite vanille	1 g
細砂糖 sucre	60 g
吉利丁片 gélatine	2.5 g
鮮奶油 B crème liquide	80 g

椰子慕斯 Mousse de noix de coco

吉力丁片 gélatine	6.5 g
鮮奶油 crème liquide	155 g
細砂糖 sucre	45 g
水 eau	15 g
蛋白 blanc d'oeuf	28 g
椰子奶 lait de noix de coco	175 g
椰子酒 vin de noix de coco	10 g

杏仁蛋糕體 Biscuit joconde

事前準備：烤箱使用前 30 分鐘預熱 180℃。

1. 先過篩麵粉，融化奶油並保持溫度在 38℃；矽膠烤模內薄塗奶油備用。**1**
2. 全蛋、蛋黃、杏仁粉及糖粉用打發器攪拌均勻。
3. 另取一攪拌盆將蛋白與細砂糖打發，取一半打發蛋白到另一鍋麵糊拌合，再加入過篩麵粉拌合，再加入另一半蛋白，之後加入融化奶油，倒入矽膠烤模中抹平。**2** **3** **4**
4. 放入烤箱以 180℃烤焙 12 ～ 15 分鐘，表面呈現金黃色，輕按壓表面會回彈即可取出，待冷卻後將杏仁蛋糕切成 2 片 19x19cm。**5**

酒糖液 Sirop

5. 將酒糖液材料的水、細砂糖煮沸放涼加入干邑酒備用。

榛果巧克力脆片 Praliné feuillantine

6. 隔水加熱融化巧克力與榛果醬，拌入可可芭芮脆片，倒入 19x19cm 的模型中抹平後放冷凍備用。**6**

炸蛋麵糊 Pâte à bombe

7. 細砂糖和水放入鍋中煮至 116℃；同時將蛋黃打發。
8. 糖水煮至 116℃時沖入已打發蛋黃，繼續拌打降溫至 45℃備用。**7**

焦糖慕斯 Mousse au caramel

9. 吉力丁片泡軟；取一鍋將鮮奶油 A 及香草粉煮至沸騰。

10. 另取一鍋將細砂糖煮至焦糖後，將沸騰鮮奶油分 2 次加入焦糖鍋中，再加入軟化的吉力丁片。 8

11. 待降溫至約 30°C，再加入鮮奶油 B 均質，放入冰箱冷藏至少 4 小時，最好隔夜。 9

12. 將冷藏焦糖鮮奶油取出打發備用。 10

椰子慕斯 Mousse de noix de coco

13. 吉力丁泡軟；鮮奶油打至六～七分發。

14. 製作義大利蛋白霜，將細砂糖和水放入鍋子煮至 118°C；蛋白放入攪拌缸中打發，待糖水煮至 118°C後緩慢沖入打發蛋白中，繼續攪拌至降溫 45°C。 11

15. 椰奶加熱後加入吉利丁，降溫至 24°C與打發鮮奶油拌合後，再與義大利蛋霜拌合，最後加入椰酒。 12

組合 Montage

16. 在 19x19cm 方型模底部放上蛋糕底紙，模型底部放入杏仁蛋糕並拍上酒糖液，鋪入榛果巧克力脆片。 13

17. 將焦糖慕斯倒入模型並整平，放入冰箱冷凍 10 分鐘。 14

18. 再將椰子慕斯倒入焦糖慕斯上抹平，蓋上另一片杏仁蛋糕並拍上酒糖液，再次放入冰箱冷凍 10 分鐘。 15

19. 冷凍好的慕斯取出切成兩份，在蛋糕體上抹上薄薄一層炸彈麵糊，用噴槍炙燒讓表面有點焦化，最後撒上防潮糖粉即可。 16 17 18

—做法 11 若溫度太高，會破壞鮮奶油的乳脂。

芒果夏洛特
Charlotte aux mangues

這款甜點的構思來自洋梨夏洛特，原本的洋梨夏洛特源自英國 18 世紀，當時流行著一種附有緞帶的仕女帽，而帶領此流行的就是英國國王喬治三世的王妃夏洛特，因此將這款女帽命名為夏洛特。

夏洛特這款甜點當時在英國是利用剩餘蛋糕組合成的甜點「Trifle」，綁上一條緞帶有如夏洛特女帽，在 18 世紀末傳入法國。當時的天才料理人安東尼・卡漢姆（Marie-Antoine Carême）以分蛋法做成手指型的蛋糕，沾了酒糖液後圍成一圈，中間放入慕斯，稱為夏洛特巴黎小姐（Charlotte Parisienne）。

我曾邀請過國際甜點大師或稱「水果大師」的 Cédric Grolet 來台授課，因為他非常喜歡吃水果，所創作的甜點不只以水果為外型，還利用當季水果製作內餡。來台時，我買了許多水果，他讚不絕口，所以我才會想用台灣芒果來製作夏洛特。同樣地，我怕只用芒果慕斯搭配香草慕斯會太膩口，所以加了覆盆子凍讓酸甜的層次更明顯，再擺上台灣多汁香甜帶有點酸度的愛文芒果裝飾，讓大家知道可以使用台灣在地食材，以法式甜點的形式呈現。

工具　　直徑 16 和 18cm 慕斯圈模、透明慕斯圍邊

材料　　份量 1 個（直徑 18× 高 5cm）

手指餅乾 Biscuit ature （分蛋法）

T55 麵粉 farine Type 55	75 g
蛋黃 jaunes d'oeuf	3 個
細砂糖 A sucre	25 g
蛋白 blancs d'oeuf	3 個
細砂糖 B sucre	50 g
糖粉 sucre glace	（烤前裝飾）少許

30 度波美糖水 Sirop à 30°Baumé

水 eau	30 g
細砂糖 sucre	35 g

覆盆子果凍 Gelée de framboise

吉利丁片 Gélatine	5 g
覆盆子果泥 purée framboise	150 g
糖粉 sucre glace	30 g
鮮奶油 crème fleurette	10 g
檸檬汁 jus de citron	10 g

芭芭露亞 L'appareil à bavarois

吉利丁片 gélatine	7 g
鮮奶油 crème liquide	250 g
細砂糖 sucre	100 g
蛋黃 jaunes d'oeufs	4 個
芒果果泥 purée de mangues	200 g
乳酸菌 Lactobacillus	（養樂多）100 g

裝飾 Décoration

愛文芒果 Mangues	（切塊）約 2 顆

手指餅乾 Biscuit ature

事前準備：烤箱使用前 30 分鐘預熱 180℃。

1. 麵粉過篩備用；將蛋黃與細砂糖 A 用打蛋器攪拌至微白備用（這裡稱蛋黃鍋）。

2. 將蛋白打至發泡，分三次加入細砂糖，第一次以 1／2 的量加入發泡蛋白後再拌打至蛋白泡較硬挺，剩下的細砂糖再分一半加入打發蛋白中，將蛋白打發至打蛋器拉起來與蛋白都呈現三角椎狀態，再加入最後的細砂糖，蛋白打發至濕性發泡偏硬即可。■1

3. 取一半打發蛋白至蛋黃鍋中，用打蛋器從三點鐘方向往中心點攪起放下，一邊轉動鋼盆一邊攪拌，注意不要需要攪勻。

4. 接著加入麵粉用橡皮刮刀拌勻，記得不要拌過頭，避免太稀。

5. 最後加入剩下的打發蛋白用橡皮刮刀輕輕拌勻即可，麵糊看起來會是立體狀，而不是稀稀的水狀。■2

6. 將麵糊裝入放有直徑 1.2cm 圓口花嘴的擠花袋中，先擠 1 片直徑 18cm 的螺旋狀。■3

7. 另取一張烘焙紙，擠上約 5cm 長的手指形，連著麵糊擠出一排總長度為 30cm，共擠二排。■4

8. 麵糊擠完成後於表面上撒一層薄薄糖粉，放入烤箱以 170 ～ 180℃ 烤約 15 分鐘，表面呈金黃色即可取出放涼備用。

覆盆子果凍 Gelée de framboise

9. 吉力丁泡冷水泡軟備用；覆盆子果泥加入糖粉煮沸離火，加入泡軟吉力丁片，再加入鮮奶油及檸檬汁。■5

10. 取一個 16cm 圓型模，底部用保鮮膜包覆放在不銹鋼底盤上，等煮好覆盆子果凍降溫後，倒入模型中，放入冰箱冷凍冰備用。■6

30 度波美糖水 Sirop à 30°Baumé

11. 將水、細砂糖放入鍋中煮至沸騰，放涼即可。

芭芭露亞 L'appareil à bavarois

12. 將吉利丁片泡冷水泡軟 ；鮮奶油打發（約七分發）放冷藏備用。

13. 砂糖及蛋黃用打蛋器打至微白。

14. 芒果果泥、乳酸菌放入鍋中煮至 80℃，分次加入打微發的蛋黃鍋中拌勻。7

15. 倒回鍋中以小火煮成英式奶油醬，煮至 82℃熄火加入泡軟吉利丁片拌勻。

16. 過篩到新鋼盆中迅速降溫，加入打發鮮奶油，由下往上勾拌合，注意不可拌至消泡。8

組合 Montage

14. 修剪長條手指蛋糕體，高度以 5cm 為主，底部裁平，背面拍上糖水，另外圓型蛋糕片修剪成直徑 17cm，再拍上糖水。9

15. 在一個 18cm 慕斯圈的邊圍圍上一圈透明圍邊紙，再圍上長條手指蛋糕體，接著再放入修剪後的圓型蛋糕片鋪底，並拍上糖水。10

16. 倒入芭芭露亞慕斯至手指蛋糕 1 ／ 3 高，放入覆盆子果凍，再倒入芭芭露亞慕斯，不用全部倒完，預留手指蛋糕頂部 2cm 的空間，放入冰箱冷凍約 20 ～ 30 分鐘。11 12 13

17. 脫模後在慕斯頂部放上新鮮芒果塊裝飾，點上薄荷片，並於透明圍邊外緣中段綁上緞帶點綴即完成。14

紅酒西洋梨塔
Tarte aux poires au vin rouge

這款甜點是我在麗池上課時製作的，當時很喜歡簡單的紅酒燉西洋梨，看著西洋梨慢慢被紅酒染成紫紅色的樣子，非常漂亮！之後再加入蛋奶液烘焙出來，柔軟的布丁餡和多汁的紅酒西洋梨，滋味真的很美好。

後來在巴黎過聖誕節，發現其實市集賣的熱紅酒，和燉西洋梨所留下來的汁液風味很像，才發現熱紅酒也是加了香料去煮成的，但我們這個紅酒燉西洋梨所留下的汁液更豐富，裡頭除了肉桂棒以外，還有香草、黑醋栗果汁及果泥，增加了顏色和甜度，減低了紅酒的澀味，加熱以後就是順口的熱紅酒，還可以加在熱紅茶裡增加風味，也可以冰凍起來製成冰沙，放入冰淇淋杯中，再切上一片已燉煮過的紅酒西洋梨，在夏天裡吃起來清爽又解渴！還有，還有！還可以加入適量的吉力丁去做成果凍呢！

根據以往經驗，在台灣一年中可以買到西洋梨時段除了 5、6 月，還有 11 月中旬至 3 月。紅酒燉西洋梨不僅可製成甜點，也能變化成飲品及果凍，一點都不怕浪費，所以當西洋梨季節來臨時，趕緊把握機會動手做！

工具　直徑 18× 高 2cm 塔圈
材料　份量 1 個

甜塔皮 Pâte sucrée

T55 麵粉 farine T55	125 g
杏仁粉 poudre d'amandes	15 g
糖粉 sucre glace	65 g
鹽 sel	1 g
奶油 beurre	(切丁塊) 65 g
全蛋 oeufs entiers	25 g

紅酒燉洋梨 Poires au vin rouge

紅酒 vin rouge	1000 g
肉桂棒 bâtons de cannelle	2 根
香草莢 gousse de vanille	1 根
黑醋栗果泥 purée de cassis	300 g
黑醋栗果汁 liqueur de cassis	100 g
細砂糖 sucre	200 g
西洋梨 poires	6 顆

克拉芙提布丁液 L'appareil à clafoutis

細砂糖 sucre	25 g
全蛋 oeuf entier	40 g
T55 麵粉 farine T55	6 g
鮮奶油 crème liquide	100 g
香草粉 poudre de vanille	1 g

事前準備：按照 P84 做法提前一天做好塔皮麵糰，放入冰箱冷藏靜置；
烤箱使用前 30 分鐘預熱 170°C。

紅酒燉洋梨 Poires au vin rouge

1. 取一鍋，放入除了西洋梨之外的材料全部一起煮沸。

2. 西洋梨去皮去籽後，放入做法 1 用慢火蓋上一張烘焙紙於表面燉煮 3 ～ 5 分鐘，注意讓西洋梨表面稍微變軟即可熄火，放入冷卻放入冷藏一晚備用。**1**

克拉芙提（布丁液）L'appareil à clafoutis

3. 全蛋打散加入細砂糖及香草粉稍微打發，加入麵粉拌勻，慢慢加入鮮奶油拌勻過篩備用。**2**

組合 Montage

4. 取出冷藏的塔皮，塔皮先敲軟使其內外柔軟度一致，桌上撒上手粉擀成 22cm 圓型塔皮，入到 18cm 塔圈，側邊緊貼，上緣突出部份去除整邊使其高度高出 0.5cm，放入冷凍冰硬。**3**

5. 取出冷硬 18cm 塔殼，將對切的紅酒西洋梨排入，倒入布丁液到塔殼 8 分滿·**4** **5**

6. 放入烤箱以 170°C烤 10 分鐘，等布丁蛋液變固體膨脹再降溫到 160°C，烤至表面及塔殼呈金黃色即可取出，冷卻脫模後，表面刷上鏡面果膠，側緣撒上防潮糖粉即完成。**6**

蘋果米布丁塔
Tarte aux pommes et riz au lait

米布丁是一款流行世界各國的甜點，主要食材有米、奶和糖。這款法國米布丁甜點的產生有兩個說法，第一個說法是由十字軍東征時傳入，在 1248 年法國國王路易九世進行十字軍東征時，經過桑斯（Sens）途中，因國王饑餓難忍，剛好有位叫做薩林貝（Salimbene）的牧師送了一碗米布丁給國王，讓他有精神繼續前進。

第二個說法是西方的米布丁最早起源是西班牙加泰羅尼亞地區，是當地的招牌甜點。而在拿破崙三世為了向妻子示愛，他的妻子是西班牙人，所以他特別請宮廷廚師製作這款甜點。

食譜裡的配方，使用牛奶熬煮圓米和糖，還加了橙皮絲增加香氣，再加上烤後蘋果的香甜與焦糖杏仁牛軋片的爽脆口感，回味無窮！

| **工具** | 直徑 18cm 塔圈 |
| **材料** | 份量 1 個 |

甜塔皮 Pâte à sucre

T55 麵粉 farine T55	125 g
糖粉 sucre glace	65 g
杏仁粉 poudred'amandes	15 g
鹽 sel	1 g
奶油 beurre	(切丁) 65 g
全蛋 oeuf entier	25 g
白巧克力 chocolat blanc	(刷塔殼) 適量

米布丁 Riz au lait

圓米 riz rond	75 g
牛奶 lait	550 g
香草莢 gousse de vanille	1 支
細砂糖 sucre	25 g
橙皮絲 zested'orange	半顆

杏仁片牛軋
Nougatine aux amandes effilées

奶油 beurre	30 g
細砂糖 sucre semoule	35 g
葡萄糖漿 glucose	10 g
果膠粉 pectin NH	1 g
杏仁片 amandes effilées	40 g

烤蘋果 Pommes au four

大型蘋果 pommes	3 顆

甜塔皮 Pâte à sucre　　　　　　　　　　　　　事前準備：烤箱使用前 30 分鐘預熱 180°C。

1. T55 麵粉、糖粉、杏仁粉、鹽、丁塊奶油放入鋼盆搓成砂粒狀，加入全蛋液拌成麵糰，放冰箱冷藏靜置至
   少 1 小時（冰硬），最好能隔夜靜置 8 小時。

2. 從冷藏取出麵糰，桌上撒上手粉，擀成厚度 0.3cm 圓型，將塔皮以密貼鋪入塔圈中，使用擀麵棍將多餘的
   塔皮切除，稍微修整塔皮使側邊厚度平均，即可放入冰箱冷凍冰硬。 **1** **2** **3**

3. 取出冰好的塔皮鋪入烘焙紙放入重石或紅綠豆，再進烤箱以 180°C烤約 15 分鐘，塔皮側緣呈現金黃色，取
   出去掉重石，放入烤箱再烤約 10 分鐘，塔皮底部呈現均勻金黃色即可。 **4**

4. 在烤好塔殼刷上少許融化白巧克力或融化可可脂，以增加塔皮餅乾脆度及延長脆度的時間。 **5**

米布丁 Riz au lait

5. 圓米泡入 200g 的牛奶靜置 30 分鐘後，加入香草莢與刮出的籽、細砂糖及橙皮絲，用小火煮至米吸收液體
   後，大約分 3 ～ 4 次加入剩下的牛奶，每次等米吸收完液體再加，煮至米粒軟爛即可熄火備用。 **6**

杏仁牛軋片 Nougatine aux amandes effilées

6. 烤箱預熱 170℃；在烤盤上鋪一張烘焙紙，放上直徑 16cm 塔圈備用。

7. 奶油、細砂糖、葡萄糖漿、果膠粉煮至 98℃，加入杏仁片拌勻，趁熱倒入塔圈內鋪平。

8. 放入烤箱以 170℃烤約 10 分鐘呈現金黃色，取出放涼後脫模。

烤蘋果 Pommes au four

9. 烤箱預熱 200℃；蘋果去皮去籽，切成 8 辦成新月狀，放入烤箱以 200℃烤約 10 分鐘至蘋果表面有點金黃色即可。

組合 Montage

11. 將煮好米布丁鋪入塔殼中與殼齊平，接著在米布丁貼著側緣擺上烤蘋果。

12. 最後放上杏仁片牛軋裝飾，撒上少許防潮糖粉即完成。

2019 蒙布朗
Mont-blanc

「蒙布朗」爲法文字「Mont Blanc」的音譯，白色的山峰，指的就是白朗峰，長年山上覆蓋著雪，底部有如樹木枯萎變成褐色，因此甜點外型以栗子奶油製成，撒上白色的糖粉，有如秋天的白朗山。傳統的蒙布朗口味較重，主要是由蛋糕體、蛋白餅，栗子奶油餡組合而成，但現在每家甜點也開始有自己的味道與配方。

這次食譜中我們用了甜塔皮作底，增加脆口感，裡面放入沾有酒糖液的蛋糕體，添加了自己製作的香橙甘邑果醬，橙也代表著秋天，與栗子奶油餡結合是很棒的味道，減低栗子奶油餡的厚重，變得清爽，與脆脆的塔殼一起吃，不會感到負擔。而且香橙甘邑果醬的香氣，能襯托出栗子泥的味道，值得自己做來品嘗看看。

工具 　直徑 7cm 塔圈、22.5×22.5×4cm 方形模、直徑 5cm 圓切模、平口鋸齒花嘴

材料 　份量約 8 個

甜塔皮 Pâte à sucre

T55 麵粉 farine T55	125 g
糖粉 sucre glace	65 g
杏仁粉 poudre d'amandes	15 g
鹽 sel	1 g
奶油 beurre （切丁）	65 g
全蛋液 oeuf entier	25 g

蛋糕體 Génoise

全蛋 oeuf entier	75 g
細砂糖 sucre	40 g
T55 麵粉 farine T55	40 g
荳蔻粉 cardamone	1 g
肉桂粉 cannelle	1 g
丁香粉 clou de girofle	1 g
榛果粉 noisettes en poudre	10 g

香橙果醬 Marmelade d'orange

糖漬橙皮 oranges confites	250 g
香吉士橙汁 jus d'orange	125 g
橙酒 Grand Marnier	30 g

栗子奶油餡 Crème de marrons

牛奶巧克力 36%chocolat lait	100 g
可可脂 beurre de cacao	40 g
鮮奶油 crème liquide	80 g
香草莢 gousse de vanille	1/2 支
有糖栗子泥 pâte de marrons	140 g
奶油 beurre	20 g
鹽之花 fleur de sel	2 g
甘邑橙酒 Grand Marnier	20 g

酒糖液 Punch cognac

水 eau	100 g
細砂糖 sucre	25 g
甘邑酒 cognac	15 g

香堤 Chantilly

鮮奶油 crème liquide	200 g
糖粉 sucre glace	10 g
香草莢 gousse de vanille （取籽）	1/2 支

甜塔皮 Pâte à sucre

事前準備：烤箱使用前 30 分 鐘預熱 180°C；將酒糖液的水和細砂糖煮沸，加入甘邑酒備用；將香堤材料全部打發備用。

1.T55 麵粉、糖粉、杏仁粉、鹽、丁塊奶油放入鋼盆搓成砂粒狀，加入全蛋液拌成麵糰，取出以掌心將麵糰推匀滾圓、壓扁，再放冰箱冷藏靜置至少 1 小時（冰硬），最好能隔夜靜置 8 小時。12

2. 取出麵糰擀成一片長方型厚度爲 0.3 ～ 0.4cm，用直徑 10cm 圓型切模壓出 9 片圓塔皮，鋪入塔圈裡，切除多餘塔皮，再放入冰箱冷凍冰硬。3 4 5

3. 取出冰好的塔皮鋪入烘焙紙放入重石或紅綠豆，再進烤箱以 180°C烤約 15 分鐘，塔皮側緣呈現金黃色，取出去掉重石，放入烤箱再烤約 10 分鐘，塔皮底部呈現均匀金黃色即可。6

蛋糕體 Génoise

4.T55 麵粉、荳蔻粉、肉桂粉、丁香粉及榛果粉過篩。

5. 全蛋和細砂糖放入攪拌缸打發，將過篩粉類用橡皮刮刀拌入拌匀，倒入方形模抹平。

6. 放入烤箱以 180°C烤焙，約 12 ～ 15 分鐘，取出冷卻脫模，再用直徑 5cm 圓切模切取 8 片蛋糕。

栗子奶油餡 Crème de marrons

7. 牛奶巧克力，可可脂放入鋼盆，鮮奶油，香草莢煮沸，沖入巧克力中，靜置 10 秒均質乳化，加入栗子泥，奶油，
   鹽之花均質，最後加入橙酒拌勻，放冷藏 10 分鐘燒凝固，裝入有蒙布朗花嘴的擠花袋，放冷藏備用。 7

香橙果醬 Marmelade d'orange

8. 將自製糖漬橙皮切小丁加入橙汁煮沸，液體有點濃縮，熄火後加入酒均質打成泥備用。

組合 Montage

9. 取一個烤好餅乾塔殼，底部擠上 15~20g 薄薄一層香橙果醬，放上一片蛋糕。 8

10. 刷上大量酒糖液，在蛋糕上再擠上少許香橙果醬，最後擠上香提抹平，與塔殼平齊高，冷凍冰硬。 9 10

11. 在冰硬的香堤以橫向擠上栗子奶油餡，放上半粒栗子做裝飾即可。 11 12

> 做法 9 烤好的塔殼也可塗一層融化的白巧克力，保持塔殼脆度。
> 做法 11 可以依喜好撒上防潮糖粉或點金箔裝飾。

草莓塔
Tarte sablée aux fraises

一款以草莓為主的塔類，不單單只是用草莓就可以了。草莓的品種很多，香氣與水分皆不盡相同，如何讓擺上的草莓能為這個草莓塔更加分，也是每家甜點店的一大考驗。每年草莓季時，巴黎的每家甜點店都一定會推出一款自豪的草莓塔，不管是在巴黎還是台灣，相信每個人對草莓塔一定愛不釋手，以往大家都只是很簡單做了甜塔皮後加入杏仁奶油餡烘烤，再擠上卡士達醬，最後擺上草莓卽。如果草莓風味很好，可以為草莓塔加分，但不可能每年的草莓風味都一致。除了挑選草莓外，我們還可以在塔皮、杏仁奶油餡及卡士達醬方面去動動腦筋，更可使用果醬來增加層次！

工具　　直徑 18cm 塔圈　　**材料**　　份量 1 個

酥塔皮 Pâte Sablée

T55 麵粉 farine	125 g
杏仁粉 poudre d'amande	15 g
奶油 beurre	85 g
糖粉 sucre glace	50 g
鹽 sel	1 g
蛋黃 jaune d'oeuf	20 g

杏仁奶油餡 Crème d'amandes

奶油 beurre	（室溫）	50 g
杏仁粉 poudred'amandes		50 g
糖粉 sucre glace		50 g
T55 麵粉 farine		5 g
全蛋 oeuf entier		50 g
蘭姆酒 Rhum		5 g

卡士達 Crème pâtissière

牛奶 lait	125 g
細砂糖 sucre	25 g
香草莢 gousse de vanille	1/2 支
蛋黃 jaunes d'oeufs	30 g
T55 麵粉 farine	6 g
玉米粉 poudre à flan	6 g
奶油 beurre	12 g
櫻桃白蘭地 Kirsch	5 g

裝飾 Finition

莓果醬 gelée de grisaille	100 g
草莓 fraises	300 g
鏡面果膠 pectin NH	適量

甜塔皮 Pâte à sucre   事前準備：烤箱使用前 30 分 鐘預熱 180℃。

1. 麵粉、杏仁粉、丁塊奶油、糖粉、鹽放入鋼盆搓成砂粒狀，加入蛋黃攪拌成團。
2. 取出麵糰放在桌上做均質動作，以掌心將麵糰一點一點分次往前推均勻；此動作做 2 次，滾圓後放入冰箱 冷藏靜置至少 1 小時，最好靜置 8 小時。**1**
3. 取出麵糰擀成圓型 22cm，鋪入 18cm 塔圈，側邊緊密貼緊，切除表面多餘塔皮，冷凍備用。**2**

卡士達 Crème pâtissière

4. 將香草莢中的籽刮出，和牛奶放入鍋中一起煮至 80℃。**3**
5. 細砂糖和蛋黃打發後，加入麵粉和玉米粉拌勻。
6. 將煮至 80℃牛奶倒入做法 5 混合，然後回鍋煮至中心沸騰冒泡，再多煮 20 ～ 30 秒離火，加入奶油拌均勻 倒入新的鋼盆，即爲卡士達醬。**4**
7. 整鍋隔冰塊鍋攪拌迅速降溫。**5**
8. 將卡士達表面以保鮮膜服貼封好，鋼盆再封一層保鮮膜後放入冰箱冷藏備用。**6**

杏仁奶油餡 Crème d'amandes

9. 室溫奶油打軟，加入糖粉打發，全蛋分 5 次加入，每次加入蛋液前需將奶油餡再稍拌打，不要急著將蛋液全加完，一定要充份打發拌勻，避免造成油水分離。7

10. 加入杏仁粉與香草粉用橡皮刮刀拌切方式拌勻，最後加入蘭姆酒拌勻即可，放冷藏備用。 8

組合 Montage

11. 取出冷凍塔殼，底部以螺旋狀擠入一層莓果醬抹平，再擠入杏仁奶油餡至塔皮高度的一半並抹平，此時若塔皮軟掉，再放回冰箱冷凍冰硬才可烤焙。9 10

12. 放入烤箱以 180°C烤 25 ～ 30 分鐘，呈現金黃色即可取出脫模冷卻。

13. 待冷卻後，在表面先用莓果醬擠出有空隙的螺旋狀，再用卡士達補上。11

14. 草莓洗淨後去蒂對切，以螺旋的方式擺滿整個塔，再刷上少許鏡面果膠，最後撒上糖粉即完成。12

> 做法 9 奶油與蛋液裡的水分不容易互相吸收，必須靠攪拌讓奶油與蛋液均勻乳化。

基礎應用

*Techniques
de
Base*

卡士達
Crème Pâtissière

材料　份量約 450g

香草莢 gousse de vanille	1 支	麵粉 farine	17 g
牛奶 lait	330 g	玉米粉 poudre à flan	17 g
細砂糖 sucre	65 g	奶油 beurre	20 g
蛋黃 jaunes d'oeufs	3 個		

將香草莢中的籽刮出，和牛奶
放入鍋中一起煮至 80℃。

細砂糖和蛋黃打發後，加入
麵粉和玉米粉拌勻。

將煮至 80℃的牛奶倒入做法 2
混合。

然後過篩回鍋煮至中心沸騰冒泡，再多煮 20 秒離火。

加入奶油拌均勻，即爲卡士達醬。

整鍋卡士達隔冰塊鍋攪拌迅速降溫。

將卡士達表面以保鮮膜服貼封好，鋼盆再封一層保鮮膜後放入冰箱冷藏備用。

- 做法 2 這裡的麵粉及玉米粉比例爲 1:1，如果全部使用麵粉，卡士達口感的口感會比較厚重；若全使用玉米粉的口感則較黏 Q。
- 做法 3 在法國每次煮卡士達皆以 1 公升牛奶爲單位，最後煮至中心沸騰泡冒就離火，其實所加入的麵粉或澱粉其實是粉心還未煮熟，所以吃起來會有生粉口感，所以以 1 公升牛奶爲單位時，卡士達煮至沸騰之後再多煮 1 分鐘。
- 做法 4 卡士達完成時須以冰塊鍋隔水迅速降溫，因卡士達以牛奶、蛋、奶油爲製作成分，完成後降溫需要較長的時間，在 20 ～ 50°C之間的溫度很容易滋生細菌，所以必須以冰塊鍋隔水快速將溫度降至 5°C以下，減少細菌滋生，也可以讓卡士達水分快速蒸發，口感更緊實。

卡士達＆英式奶油醬 Crème Pâtissière et Crème Anglaise

教學時，我很喜歡和學生一起比較食材與做法的差異，如此一來便能很快記得品項。卡士達在法文稱爲「crème pâtissière」，意思是「廚師的奶油醬」，它是做甜點最基本的奶油醬，與其他材料結合就變成另一種名稱，呈現口感也不同。卡士達醬與英式蛋奶醬不僅材料像，做法也很像，差異在哪裡呢？

● 卡士達 Crème Pâtissière：牛奶、細砂糖、蛋黃、麵粉、玉米澱粉、奶油
● 英式蛋奶醬 Crème Anglaise：牛奶、細砂糖、蛋黃

我們可以從材料和溫度來分析：

以材料來看，兩者都含有牛奶、細砂糖和蛋黃，但是英式奶油醬少了澱粉類，它凝固關鍵是蛋黃，所以在口感和濃稠度上，英式蛋奶醬比卡士達要來得稀一點。

再來是溫度，卡士達必須將液體加熱沖入蛋拌勻，過濾後再回煮至中心沸騰，讓口感滑順；英士蛋奶醬則是在液體加熱沖入蛋之後，先回煮至 82 ～ 85°C後，再過濾去除多餘雜質。

杏仁奶油餡
Crème d'amandes

材料　份量約 240g

奶油 beurre	(室溫) 65 g	全蛋 oeuf		50 g
細砂糖 sucre	65 g	香草粉 extrait naturel de vanille		1 g
杏仁粉 poudre d'amandes	65 g	蘭姆酒 Rhum		5 g

1. 奶油打軟，加入細砂糖打發，全蛋分 5 次加入，每次加入蛋液前需將奶油餡再充分拌打均勻，不要急著將蛋液全加完，避免造成油水分離。

2. 加入杏仁粉與香草粉用橡皮刮刀拌切方式拌勻，最後加入蘭姆酒拌勻即可，放冷藏備用。

奶油與蛋液裡的水分不容易互相吸收，必須靠攪拌讓奶油與蛋液均勻乳化。

杏仁榛果醬
Praline

材料　份量約 300g

細砂糖 sucre	150 g
水 eau	50 g
杏仁 amandes	（烤過）75 g
榛果 noisettes	（烤過）75 g

1. 先將杏仁榛果以 150～160℃烤至香氣出來，約 10～15 分鐘。

2. 細砂糖及水放置鍋中煮至 112℃，熄火，加入已烤好的杏仁，榛果，開小火繼續拌炒。

3. 炒的過程糖會慢慢會開始結晶，繼續加熱拌炒會融化，至糖變成焦糖色（焦化）。

4. 待杏仁及榛果上的糖都融化、看不見糖粒，而且糖液變成琥珀色時即可熄火，倒至矽膠墊上冷卻變硬成堅果果仁糖。

5. 再將冷卻的果仁糖放入調理機打成細緻的泥狀，即爲杏仁榛果醬。

關於果醬 Pour les confitures

起源

果醬其實約在一萬五千年前舊時器時代，西班牙的洞穴裡就有發現，當時的人類利用蜂蜜來製作果醬。又因歐洲十字軍東征 (1096~1270 年)，將大量的砂糖帶回歐洲使用，當時砂糖非常昂貴，只有貴族可以食用，又為了要儲存砂糖及保存水果，就將砂糖及水果製作成果醬儲存。果醬的製作是屬於糖漬法，古時候因為沒有冰箱，為了永久保存食物而產生的做法，例如鹽漬、油漬、醋漬皆為保存食物的方法之一。

分類

1. Compôte（Jam）：將水果切成小塊加糖熬煮至果泥狀。
2. Gelée（Jelly）：將水果加入糖及檸檬汁用大火熬煮成果膠狀，再用紗布過濾果肉，狀態為黏稠透明的液體。
3. Confiture（Preserves）：將兩種以上的水果切小塊，加糖熬煮而成，與第一種做法相同，但有果肉的口感。
4. Marmalade 是柑橘類的統稱，將柑橘類的皮切塊與果肉分開來熬煮，完成的果醬內可以明顯地看到果皮平均分配於果醬中。
5. Conserves：果醬內含有果乾或是堅果類。

製作

1. 水果與糖的重量比為 10：6，例如 1kg 的水果，600g 的糖。因台灣的水果甜度較甜，所以糖的重量下修為 500g，或是加檸檬汁來調整甜度及酸度。另外一提，水果與糖的比例在歐洲製作的時候會較台灣高，比例通常是 10:8，甚至還有 1:1 的。
2. 將水果與糖放入鍋內，放入冰箱冷藏靜置一晚，糖能釋出水果中的水分。
3. 先用中火熬煮到沸騰，再轉至小火，煮至濃稠即完成，果醬的最終溫度為 105℃。
4. 將果醬瓶用清水洗淨，放置烤箱，用 100℃烘烤 5 分鐘消毒即可。
5. 將煮好的果醬倒入已消毒過的瓶中，裝瓶約八、九分滿，並立即將瓶蓋蓋上鎖緊，馬上將瓶子倒立 30 分鐘，呈真空狀態。
6. 果醬冷卻後，未開封可冷藏保存 6 個月；如已打開，放冰箱冷藏只可保存 3 個月。
7. 含糖量的多寡也會影響果醬的保存期限，糖越多保存越久，反之保存期限越短，所以不能因怕甜而將糖減少至 40% 以下，這樣保存期限不久。如果怕太甜可以添加檸檬汁或酒來增加香氣酸度，將低甜度感。

荔枝玫瑰果醬
Rose et Litchi confites

材料　份量約 1200 g

荔枝 litchi	750 g
玫瑰花瓣 pétales de rose	250 g
細砂糖 sucre	550 g
果膠粉 pectin NH	15 g
檸檬汁 jus de citron	30 g

1. 荔枝去籽，切小丁備用。

2. 取 50g 細砂糖與果膠粉混合備用。

3. 玫瑰花瓣與 200g 細砂糖先用中大火煮至沸騰熄火，靜置一晚。

4. 將靜置好的做法 3 玫瑰花與荔枝丁及 300g 細砂糖拌合，並煮至 35℃。

5. 加入做法 2 的果膠粉和細砂糖，以中大火煮至沸騰後轉小火，一邊煮一邊去除雜質，煮至 濃稠，至 102℃ 即可。

6. 煮好果醬趁熱裝入已噴酒精消毒的果醬瓶中約九分滿，蓋上蓋子，迅速倒扣 30 分鐘，讓它呈現真空狀態。

做法 5 如果沒有溫度計，可以用湯匙取一匙放在盤上冰在冷凍 1 分鐘，取出把盤子斜擺放看流動速度即可判別。

無花果紫蘇醬
Compotée de Figues et de Shiso

材料　份量約 580g

新鮮無花果 figues	500 g	檸檬汁 jus de citron	15 g
細砂糖 sucre	250 g	蘋果酒 calvados	25 g
新鮮綠紫蘇葉 feuilles de shiso vert	10 g		

1. 新鮮無花果切塊狀；綠紫蘇葉切段備用。**1**
2. 將切好無花果及綠紫蘇葉細砂糖放入銅鍋中，先以大火煮至沸騰，再轉小火。**2**
3. 一邊煮一邊攪拌，煮至濃縮，溫度達 100 ～ 103℃即可熄火去除雜質，加入檸檬汁和蘋果酒。**3**
4. 趁熱裝入乾淨的果醬瓶大約九分滿，蓋上瓶蓋，轉緊之後倒扣 30 分鐘呈真空狀態，以利保存。

覆盆子果醬
Compotée de Framboise

材料　份量約 220g

冷凍覆盆子 brisure de framboise	210 g
細砂糖 sucre	95 g
果膠粉 pectin NH	4 g

1. 先取少部份細砂糖與果膠粉混合。

2. 覆盆子與剩下細砂糖在鍋中以大火煮至 35℃時，加入混合砂糖和果膠粉拌勻。

3. 再以中小火繼續煮至濃稠即可熄火，倒入新鋼盆冷卻即可裝罐保存。

焦糖蘋果
Compotée de Pommes

材料　份量約 300g

中型蘋果 pommes	3 個	香草莢 gousse de vanille	1 支
細砂糖 sucre	50 g	蘋果酒 cavaldos	20 g
奶油 beurre	30 g		

2. 蘋果去皮去籽，切約姆指大小的丁塊。

3. 剪張比鍋子大的圓形烘焙紙，圓型烘焙紙中挖個約 1cm 小洞。**1**

4. 細砂糖放入鍋中焦糖化，加入奶油與焦糖結合，倒入蘋果及香草莢，此時蘋果表面蓋上圓型烘焙紙，等約 1～2 分鐘蘋果出水翻攪炒至蘋果吸收到焦糖。**2 3**

5. 再次覆蓋上圓型烘焙紙，再等 1～2 分鐘再次翻動蘋果，此時蘋果應該大量出水，可以利用木匙將少量軟爛焦糖蘋果搗成泥狀，留些丁塊，盛出冷卻備用。**4**

蘋果泥留一些丁塊不完全搗成泥，是想增加口感，可依個人喜好決定。

糖漬橙皮
Oranges confites

材料　份量約 300g

香橙 oranges	3 顆
水 eau	500 g
細砂糖 sucre	250 g

每天測量的糖度參考標準爲如下，可以準備一支糖度計及一個高於糖度計的量杯。如果測量的狀況差太多，可自行酌酌加水或是加細砂糖，記得不能讓糖度一下飆太高，每次上升的幅度最好是間隔 2 度，避免產生結晶，而且甜度才能均勻的滲透橙皮。

第二天 16 度

第三天 21 ～ 22 度

第四天 24 度

第五天 26 度

第六天 28 度

第七天 30 度

第八天 32 度

第九天 34 度

第十天 36 度

1. 將香橙洗淨，對切兩次成 4 瓣，去除果肉。
2. 將橙皮放入煮沸熱水煮至 1 ～ 2 分鐘，放入冰水浸泡，重複汆燙與泡冰水三次去除橙皮苦味後備用。
3. 將水和細砂糖混合煮沸，將橙皮放入糖水中煮 1 ～ 2 分鐘放涼，此爲第一天流程，總共十天。
4. 第二天把橙皮撈出，在第一天糖水倒入鍋中，加入額外的 100g 細砂糖煮沸，再放入橙皮加入煮 1 ～ 2 分鐘，冷卻靜置一晚。
5. 第三天～第九天，都是先把橙皮撈出，測量糖液的糖度，秤重後再計算要加的砂糖量，例如：糖水量是 619g，公式爲 619g x 0.15=92.8g，所以糖水須再加入 92g 細砂糖煮沸，再加入橙皮煮 1 ～ 2 分鐘，靜置一晚。
6. 第十天則和做法 5 一樣，只是將要加的細砂糖換成葡萄糖漿，完成後冷卻即可裝入密封罐保存。

海綿蛋糕
Génoise

工具 直徑 18cm 圓型蛋糕模 1 個　　**材料** 份量 1 份

全蛋 oeufs entiers	3 個	T55 麵粉 farine	90 g
細砂糖 sucre	90 g	奶油 beurre	30 g

全蛋法與分蛋法 Pâte Génoise & Pâte Biscuit

全蛋法即爲我們稱的海綿蛋糕（Génoise），這款蛋糕也是義大利傳入法國的，當時義大利梅迪奇家族將女兒凱薩琳 梅迪奇嫁給法王享利二世時傳入的，如今也成爲法式甜點不可或缺的蛋糕。

何謂海綿蛋糕
含有空氣及質地鬆軟，一般可分爲全蛋打法和分蛋法（蛋黃和蛋白分開打發）。
在法國將全蛋打法稱之「Pâte Génoise」；而分蛋打發稱之「Pâte Biscuit」。
不論是全蛋法或是分蛋法基本配方都爲雞蛋、麵粉和砂糖來製作。

每樣材料在期中的功能爲何？
1. 因打發雞蛋而含入空氣及雞蛋本身含有水分，而使其在烤箱內升高溫度時，使得體積變大。
2. 麵粉中的澱粉粒會吸收大部分蛋中的水份而越來越膨脹且變得柔軟；另麵粉中的蛋白質因打發的雞蛋混拌入麵粉
　時，由蛋白質中產生具有黏性和彈力的麩素，包圍住澱粉粒子般地形成廣大的立體網狀，麩素在烤箱內因加熱

事前準備：烤箱預熱 180°C。

1. 取烘焙紙剪一張直徑 18cm 的圓底及一條長約 60cm、寬 6cm 的長條，鋪入圓型模內。**1**

2. 煮一鍋熱水，將全蛋與細砂糖攪拌均勻後，將鋼盆放置熱水鍋子上，一邊隔水加熱一邊用打蛋器打發至可以將麵糊寫一個 8 字不會消失。**2** **3**

3. 加入過篩麵粉以橡皮刮刀用切拌的方式拌勻，之後再分散加入奶油，不要一口氣加入在中間。**4** **5**

4. 以橡皮刮刀攪勻後，倒入圓型蛋糕模。**6**

5. 放入烤箱以 180°C烤焙，時間約 25 ～ 30 分鐘，烤至金黃色。

6. 烤完蛋糕倒扣在涼架上冷卻，即可依後續需要切片、修整使用。

而凝固。其作用在於連結麵糊並使其保有適度的彈力，使膨脹的麵糊不會萎縮的支撐骨架，就像建築物中的柱子一樣。

3. 砂糖因具有吸水性所以能使蛋糕有潤澤口感，還可以使雞蛋的氣泡膜不會被破壞，防止麩素的老化保持柔軟的作用。

全蛋法和分蛋法之差異
全蛋打法，是打發全蛋來製作；而分蛋法則是以蛋黃和蛋白各別打發後，再混合製作。全蛋法的麵糊會滑順地流下，是高流動性的發泡狀態，烘烤出來綿密細緻具潤澤口感及組織有彈性。
分蛋法則是以打蛋白爲主，蛋白的氣泡量遠大於打發的全蛋，所以必須打發至蛋白呈直立角狀。所以相較全蛋，是較爲堅實堅硬、低流動性的打發狀態，雖然同樣膨脹輕軟，但麵糊的連結較弱，因此是較爲乾鬆的口感。

如何打發全蛋法的麵糊？
因蛋黃中含有油脂，會使得氣泡較難形成，比打發蛋白更困難；而添加了砂糖的關係，讓全蛋具有很強的黏性，也是很難打發的原因之一，所以必須採用隔水加熱的方式，藉由升高溫度來削弱雞蛋的表面張力，也可以更容易攪打出氣泡。

塔皮麵糰
Pâte à Tarte

塔皮是由麵粉、奶油與液體的結合，有時爲了增加甜味及色澤添加了糖。「液體」分爲水、全蛋和蛋黃，是爲了糊化麵粉，將材料結合在一起，調整口感的軟硬度。「麵粉」是小麥澱粉吸收水分糊化，變成塔殼的主要材料，使用的多寡也會影響塔殼的軟硬度，所以，當麵粉占的比例越多，塔殼越乾硬。因此我們在擀麵糰時要避免撒太多手粉，還有麵糰的重覆使用次數越少越好。「奶油」除了增加香氣以外，還能阻隔麵粉直接與液體結合產生麩質，在烘烤時產生酥鬆的口感。

塔皮的種類

• **基本塔皮 pâte à brisée**
主要是由麵粉，奶油和液體（水）爲主，因爲麵粉吸收了水分時產生麩質蛋白質而有彈性，所以吃起來有酥酥的層次感，有點類似台式蔥油餅麵糰的原理。

• **酥塔皮 pâte sablée**
這款塔皮麵糰中，奶油與砂糖的比例較高，口感酥脆，液體的部分則是以蛋黃爲主，增加了香　氣和酥脆度。

• **甜塔皮 pâte sucrée**
麵粉的比例較多，吃起來的口感較硬脆，粉類多的時候，液體也相對增加，比另外兩款塔皮的液體比例高一些，避免質地太乾。

製作方法分為二種

• **奶油法**：將奶油打軟後，加入糖打發，再分次加入蛋液，最後加粉類拌成團。
• **砂狀搓揉法**：將奶油與粉類、細砂糖搓成砂狀，最後再加入液體拌成團。

· 烤箱在使用前 30 分鐘先以需要的溫度預熱，減少等待時間。
· 若家裡無重石，可用綠豆、紅豆取代，使用後裝回容器可重複使用。
· 現在技術進步，可用洞洞塔圈，使用前先抹奶油，烤焙時就不用再放重石；若是用傳統塔圈，就要壓重石，以免塔殼變形。

材料

基本塔皮 Pâte brisée

T55 麵粉 farine	125g
奶油丁 beurre	95g
鹽 sel	3g
水 eau	20g

酥塔皮 Pâte sablée

T55 麵粉 farine	125 g
杏仁粉 poudre d'amande	15 g
奶油丁 beurre	85 g
鹽 sel	1 g
細砂糖 sucre	50 g
蛋黃 jaune d'oeuf	1 個

甜塔皮 Pâte sucrée

T55 麵粉 farine	105 g
杏仁粉 poudre d'amande	15 g
奶油丁 beurre	65 g
鹽 sel	0.5 g
糖粉 sucre glace	45 g
全蛋 oeuf	25 g

- 基本塔皮：麵粉、奶油、鹽放入鋼盆搓成砂粒狀，加入水拌成團。
- 酥塔皮：麵粉、杏仁粉、奶油、鹽、細砂糖放入鋼盆搓成砂粒狀，再加入蛋黃攪拌成團。
- 甜塔皮：麵粉、杏仁粉、奶油、鹽、糖粉放入鋼盆搓成砂粒狀，再加入全蛋攪拌成團。

1. 將麵糰放在桌上往前分次推均勻後，此動作大約做兩次。
2. 壓扁放入冰箱冷藏靜置至少 1 小時，冰到有點硬度，如果可以最好冷藏靜置 8 小時。
3. 冷藏靜置麵糰用擀麵棍敲軟，桌上撒上手粉，擀成比塔圈圓周再多 2cm、厚度約 0.3cm 的片狀。

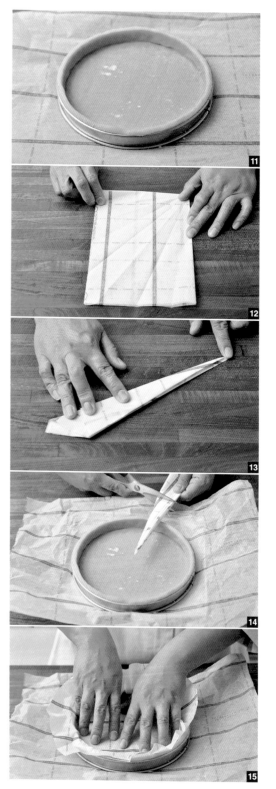

4. 用擀麵棍捲起塔皮，移至塔圈上。6

5. 用兩手拇指將塔皮往側邊緊密貼緊。7

6. 接著使用擀麵棍施力往前擀過，即可去除多餘塔皮。8

7. 整理邊緣，讓塔皮高於塔圈 0.5cm。9

8. 用拇指再塔皮外緣，順一圈讓突出的塔皮外側平整，再放入冰箱冷凍冰硬備用。10 11

9. 取一張烘焙紙，對折 3~4 次後，比對一下塔圈，依照塔圈修剪成比塔圈大 2~3cm 的圓即可。12 13 14

10. 鋪入烘焙紙後放入重石或是紅豆、綠豆，再放入冰箱冷凍冰硬；此時可開始預熱烤箱 180℃。15 16

11. 將塔皮連重石從冰箱取出，整模一起放入烤箱烤約 15 ～ 20 分鐘，塔皮側緣呈現金黃色。17

12. 去掉重石，繼續烤 10 分鐘，讓塔皮側身及底部呈現金黃色即可。18

13. 烤好後，可隔水加熱融化白巧克力或可可脂，均勻塗在塔皮內部。19

14. 再以刨皮刀稍微修整，讓塔皮側緣平順，即可繼續甜點填餡的步驟。20

基礎應用 Techniques de Base

千層派皮
Pâte Feuilletée

材料　份量約 300g

T55 麵粉 farine	250 g	水 eau	125 g
鹽 sel	3 g	奶油 beurre sec	200 g
奶油 beurre	（切丁）50 g		

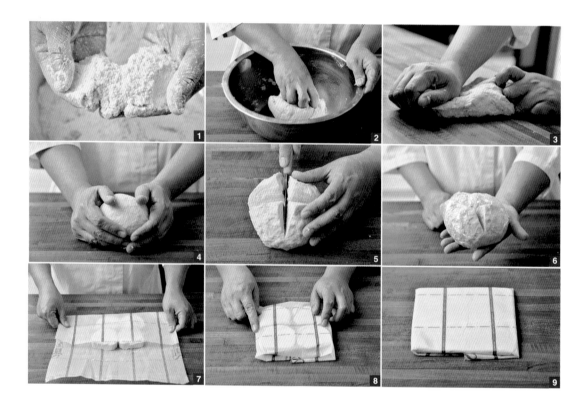

---

1. 麵粉、鹽及奶油 A 放入鋼盆搓成砂粒狀，加入水拌成麵糰。**1** **2**

2. 搓揉均質、滾圓後在表面切十字，以保鮮膜包好放入冰箱冷藏靜置 8 小時。**3** **4** **5** **6**

3. 將 200g 奶油切成四塊排成田字型，以烘焙紙包起，將底部翻上來，再擀成 12x12cm、厚度 1.5cm 的正方形，即為片狀奶油，放入冰箱冷藏備用。**7** **8** **9**

4. 取出靜置過的麵糰，桌上撒上手粉擀成可以包覆正方形的奶油大小。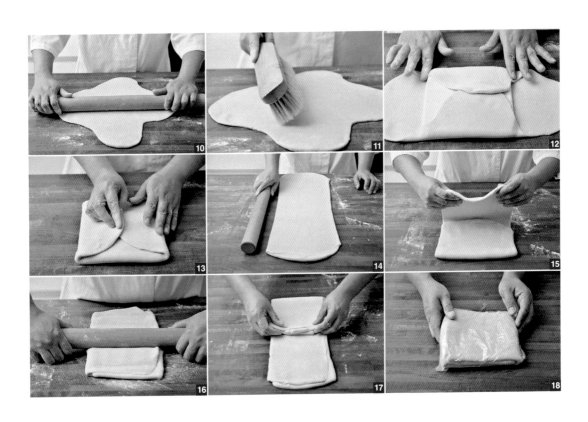10

5. 刷除餘粉後，放上奶油，包覆起來。11 12 13

6. 桌上撒上手粉，將已包覆奶油麵糰擀成長度 50cm、厚度約 0.3cm 長方形。14

7. 進行 3 折疊（三折第一次），將麵糰分成三部份折起。15

8. 轉向 90 度再次擀成長方形，再進行三折疊（三折第二次），用保鮮膜包覆冷藏靜置 2 小時。16 17 18

9. 將上列冷藏靜置的麵糰再次擀成長方形進行三折的第三次及轉向擀成長方形進行三折第四次，冷藏靜置 2
   小時。上述動作再做一次進行三折的第五次及第六次，同樣再冷藏靜置 2～3 小時，即可開皮，擀成需要
   的大小使用。

香頌蘋果派 Chaussons aux Pommes （見 P158）

可麗露 Cannelés Bordelais （見 P130）

Catch 286

甜點之路 La Route de Pâtissière Linda
從經典、地方傳統到創新，法式甜點在家也能輕鬆做！

作　　者：Linda（謝美玲）
攝　　影：周禎和工作室
責任編輯：歐子文
美術設計：弓長張
特別感謝：甜點助理戴嘉珣、哆犮食間Tobe Cooking Studio拍攝場地提供

法律顧問：董安丹、顧慕堯律師
出 版 者：大塊文化出版股份有限公司
台北市105022南京東路四段25號11樓
www.locuspublishing.com

讀者服務專線：0800-006689
TEL：886-2-87123898 FAX：886-2-87123897
郵撥帳號：18955675　　戶名：大塊文化出版股份有限公司

總經銷：大和書報圖書股份有限公司
地址：新北市新莊區五工五路2號
TEL：(02) 89902588　　FAX：(02)22901658
製版：瑞豐實業股份有限公司
初版一刷：2022年8月
定價：新台幣 750 元

ISBN 978-626-7118-66-5
Printed in Taiwan

國家圖書館出版品預行編目(CIP)資料
甜點之路 = La route de pâtissière Linda/ Linda (謝美玲)著.
-- 初版. -- 臺北市：大塊文化出版股份有限公司,
2022.08　216面；19×25公分. -- (Catch ; 286)
ISBN 978-626-7118-66-5(平裝)
1.CST: 點心食譜
427.16　　　　　　111009414